NIESSLEIN / WIENERWALD

BAND 20
SCHRIFTENREIHE DER ÖSTERREICHISCHEN GESELLSCHAFT
FÜR RAUMFORSCHUNG UND RAUMPLANUNG

ERWIN NIESSLEIN

ERHOLUNGSRAUM WIENERWALD

EINE FORSTLICHE RAUMORDNUNGSSTUDIE

HERAUSGEGEBEN VON DER ÖSTERREICHISCHEN GESELLSCHAFT
FÜR RAUMFORSCHUNG UND RAUMPLANUNG · WIEN 1975

Herausgeber und Verleger:
Österreichische Gesellschaft für Raumforschung und Raumplanung
1040 Wien, Karlsplatz 13

ISBN 978-3-211-81330-0 ISBN 978-3-7091-5621-6 (eBook)
DOI 10.1007/978-3-7091-5621-6

Inhalt

Inhalt

1 Einleitung

Es ist nicht Sache dieser Arbeit, den Ursachen nachzuspüren, die zu dem wachsenden Bedürfnis der Bevölkerung nach gesunder Umwelt, Erholung und Ruhe geführt haben; dieses Bedürfnis ist durch vielerlei Untersuchungen und Erfahrungen belegt, es muß daher als eine Tatsache akzeptiert werden. Daraus ergeben sich verschiedene Konsequenzen, auch für die Forstwirtschaft. Der Wald hat seit jeher neben der Erzeugung des Rohstoffes Holz vielfältige Funktionen im Interesse der Allgemeinheit erfüllen müssen, die man unter dem Begriff der Wohlfahrtswirkungen zusammengefaßt hat. Die Lebensbedürfnisse der modernen Industriegesellschaft bewirken es, daß sich die Gewichtung innerhalb der Waldfunktionen in der Gegenwart deutlich verlagert, daß insbesondere der Erholungsfunktion des Waldes wachsende Bedeutung zukommt.

Die verstärkte Bedeutung des Waldes als Erholungsraum kommt besonders in jenen Waldgebieten zum Ausdruck, die sich im Umland großer Städte und industrieller Ballungszentren befinden. Der Wienerwald ist eines jener Waldgebiete in Österreich, das in hervorragender Weise einen landschaftlichen Ausgleich zur Siedlungskonzentration einer modernen Großstadt schaffen kann und dafür auch im steigenden Ausmaß herangezogen wird. Daraus erwächst allerdings eine ganze Fülle von Aufgaben.

In richtiger Erkenntnis dessen hat das Bundesministerium für Land- und Forstwirtschaft die Durchführung einer forstlichen Raumplanungsstudie für den Wienerwald angeregt und dem Institut für Forst- und Holzwirtschaftspolitik an der Hochschule für Bodenkultur in Wien für die dazu erforderliche Beschäftigung von wissenschaftlichen Mitarbeitern Forschungsmittel zur Verfügung gestellt. Dementsprechend haben an den Vorarbeiten zur Abfassung dieser Studie, insbesondere bei der Aufbereitung des statistischen Materials und bei der Durchführung von Erhebungen, die Herren Diplom-Ingenieure Alfred Kastner, Christian Pollet und Friedolin Hietel mitgewirkt, denen der Verfasser für ihr Interesse und ihren Einsatz zu danken hat, ebenso wie dem Bundesministerium für die finanzielle Förderung und der Porsche-Konstruktionen AG für die Zurverfügungstellung eines Pkw zur Abwicklung des Außendienstes. Ein besonderer Dank gilt Herrn o. ö. Professor Dr. Otto Eckmüllner, der als Sektionsleiter im Bundesministerium für Land- und Forstwirtschaft und als Institutsvorstand den Verfasser als dem am Institut für das Arbeitsgebiet Raumordnung und Raumplanung zuständigen Dozenten mit vielen wertvollen Anregungen und Hinweisen unterstützte.

Die erste Fassung der Raumplanungsstudie wurde 1971 fertiggestellt. In dankenswerter Weise hat die Österreichische Gesellschaft für Raumforschung und Raumplanung — über Initiative ihres Vorsitzenden o. ö. Prof. Dr. Rudolf Wurzer — diesem Problemkreis ihre Aufmerksamkeit zugewandt und die Veröffentlichung der Studie im Rahmen ihrer Schriftenreihe beschlossen. Bis es nunmehr dazu kam, ist allerdings noch einige Zeit vergangen, da es zweckmäßig erschien, das Manuskript unter Einbeziehung der erst jetzt zur Verfügung stehenden detaillierten Daten der Volkszählung 1971 und der land- und forstwirtschaftlichen Betriebszählung 1970 zu überarbeiten.

Zielsetzung der nun vorliegenden Arbeit ist es, das vielschichtige Beziehungsgefüge aufzuhellen, das in diesem Raum zwischen Wald, Wirtschaft und Bevölkerung besteht; gleichzeitig aber auch Entwicklungsrichtungen anzugeben, die bei der künftigen Behandlung des Wienerwaldes Beachtung finden sollten, wenn den Bedürfnissen der Bevölkerung Rechnung getragen und die Erhaltung des Waldes sichergestellt werden soll.

Als forstliche Raumordnungsstudie wird die Arbeit von forstlichen Sachverhalten ihren Ausgang nehmen und forstliche Entwicklungen aufzeigen müssen. Raumordnung kann aber niemals isoliert gesehen werden. Deshalb muß diese Studie über den spezifisch forstlichen Bereich hinausgreifen und muß auch angrenzende Sachgebiete behandeln, um die von dort ausgehenden Einwirkungen auf den Wald begreifen, um andererseits die forstlichen Entwicklungstendenzen in ganzheitliche Zielvorstellungen einbauen zu können. Zu einer solchen ganzheitlichen Betrachtungsweise gehört es ebenso, nicht nur ökologische, forsttechnische oder wirtschaftspolitische Fragen zu erörtern, sondern darüber hinaus auch zu den organisationsrechtlichen und finanziellen Fragen Stellung zu nehmen, von deren Lösung die künftige Entwicklung des Wienerwaldes als Erholungsraum maßgeblich abhängen wird. Die Wienerwaldfrage ist eine aktuelle Frage und es soll deshalb diese Studie dazu beitragen, daß die daran interessierten Stellen Anregungen für konkrete Lösungsmöglichkeiten erhalten.

Es ist der Wunsch des Verfassers, mit dieser Arbeit theoretische und praktische Anknüpfungspunkte für eine künftige Ausgestaltung des Wienerwaldes zu geben, die nicht nur den Wald als wertvolles Landschaftselement vor den Toren der Bundeshauptstadt pflegt und erhält, sondern die auch der Bevölkerung dieser schönen Stadt und ihren Gästen Gesundheit, Ruhe und Erholung im gewünschten Ausmaß bringen möge.

2 Grundlagen

2.1 Abgrenzung und historische Entwicklung

Der Wienerwald wird durch die benachbarten Landschaftsräume Tullnerfeld und Wiener Becken und durch die Randzone des Alpen-Vorlandes begrenzt. Für Zwecke dieser Arbeit wurde eine exakte räumliche Abgrenzung gewählt, die sich mit einer schon vor Jahren erfolgten räumlichen Festlegung durch das Österreichische Institut für Raumplanung deckt. Für diese Abgrenzung ist im Norden die Donau maßgeblich.

Im Osten der Auslauf der Wienerwald-Hänge, die Lainzer-Tiergarten-Mauer, die Straßen zwischen Maria Enzersdorf und Mödling und schließlich ein Stück der Südbahn-Trasse,

im Süden die Gemeindegrenze im Straßenverlauf Leobersdorf, Berndorf, Kaumberg,

im Westen die Linie Gerichtsberg, Klammhöhe, Höhlberg, Laabental, Neulengbach, Riederberg.

Die Gesamtfläche des Untersuchungsgebietes beträgt 126.524 ha (nach Angaben der Amtl. Österr. Bodenschätzung der Finanzlandesdirektion für Wien, Niederösterreich und das Burgenland, Stand 1971). Dieses Ausmaß ergibt sich aus dem Gesamtwert der niederösterreichischen Wienerwald-Gemeinden zuzüglich des Waldareals im westlichen Stadtgebiet von Wien. Der größte Teil des Raumes hat Hügel- und Mittelgebirgscharakter mit absoluten Seehöhen von 170 bis gegen 900 m und relativen Höhen von meist 150 bis 300 m, in Ausnahmefällen 500 bis 600 m (Schöpfl, Eisernes Tor).

Verwaltungsmäßig gehört der Wienerwald überwiegend zum Bundesland Niederösterreich, nur ein kleiner Teil (ca. 5000 ha = 4%) zu Wien. (Siehe Kartenskizze 1.)

Der niederösterreichische Teil ist den politischen Bezirken Baden, (Ger.-Bez. Baden, Pottenstein), Lilienfeld (Ger.-Bez. Hainfeld), Mödling (Ger.-Bez. Mödling), St. Pölten (Ger.-Bez. Neulengbach), Tulln (Ger.-Bez. Tulln), Wien-Umgebung (Ger.-Bez. Klosterneuburg und Purkersdorf) zuzuzählen und umfaßt 47 Gemeinden. Die Einwohnerzahl dieser Gemeinden betrug 1971 197.000 Personen. Von der Gemeinde Wien fallen Teile der Gerichtsbezirke Döbling (18. und 19. Bezirk), Hernals (16. und 17. Bezirk), Hietzing (13. und 14. Bezirk) und Liesing (23. Bezirk) in das Untersuchungsgebiet.

Die *historische Entwicklung* der Kulturlandschaft des Wienerwaldes hat seine Wurzeln im Mittelalter, als im weithin ungerodeten Waldland einige klösterliche Rodungsinseln als Zentren der Kolonisation (Heiligenkreuz), (Klein-Mariazell) und kleinere Grundherrschaften (Purkersdorf, Sparbach) entstanden.

In der weiteren Folge bildeten sich viele, meist kleine Siedlungskerne von Holzfällern und Waldbauern (Klausenleopoldsdorf, Preßbaum, Rekawinkel), die der Grundstein späterer, größerer Siedlungsgebiete wurden.

Die verwaltungsmäßige Gliederung des Wienerwaldraumes

(Siehe nebenstehende Kartenskizze Abb. 1)

WIEN ●

Ger.-Bez.: Döbling
Währing (XVIII. Bez.)
Döbling (XIX. Bez.)

Ger.-Bez.: Hernals
Ottakring (XVI. Bez.)
Hernals (XVII. Bez.)

Ger.-Bez.: Hietzing
Hietzing (XIII. Bez.)
Penzing (XIV. Bez.)

Ger.-Bez.: Liesing
Liesing (XXIII. Bez.)

NIEDERÖSTERREICH

Pol. Bez.: BADEN
Ger.-Bez.: Baden
1 Alland
2 Baden ●
3 Bad Vöslau ●
4 Heiligenkreuz
5 Klausen-Leopoldsdorf
6 Kottingbrunn
7 Leobersdorf ○
8 Pfaffstätten ○
9 Sooß ○

Ger.-Bez.: Pottenstein
10 Altenmarkt/Triesting ○
11 Berndorf ●
12 Hirtenberg ○
13 Pottenstein ○
14 Weißenbach/Triesting

Pol. Bez.: LILIENFELD
Ger.-Bez.: Hainfeld
15 Kaumberg ○

Pol. Bez.: MÖDLING
Ger.-Bez. Mödling
16 Breitenfurt b. Wien ○
17 Brunn/Geb. ○
18 Gaaden
19 Gießhübel
20 Gumpoldskirchen ○
21 Guntramsdorf ○
22 Hinterbrühl
23 Kaltenleutgeben
24 Laab im Walde
25 Maria Enzersdorf/Geb. ○
26 Mödling ●
27 Perchtoldsdorf ○
28 Wienerwald

Pol. Bez.: ST. PÖLTEN
Ger.-Bez.: Neulengbach
29 Altlengbach
30 Asperhofen
31 Brand-Laaben
32 Maria Anzbach ○
33 Eichgraben
34 Neulengbach ○
35 Neustift - Innermanzing

Pol. Bez.: TULLN
Ger.-Bez.: Tulln
36 St. Andrä Wördern ○
37 Königstetten ○
38 Sieghartskirchen ○
39 Tulbing
40 Zeiselmauer

Pol. Bez.: WIEN — UMGEBUNG
Ger.-Bez.: Klosterneuburg
41 Klosterneuburg ●

Ger.-Bez.: Purkersdorf
42 Gablitz
43 Mauerbach
44 Preßbaum ○
45 Purkersdorf ●
46 Tullnerbach
47 Wolfsgraben

● Ortsgemeinden mit Stadtrecht
○ Ortsgemeinden mit Marktrecht

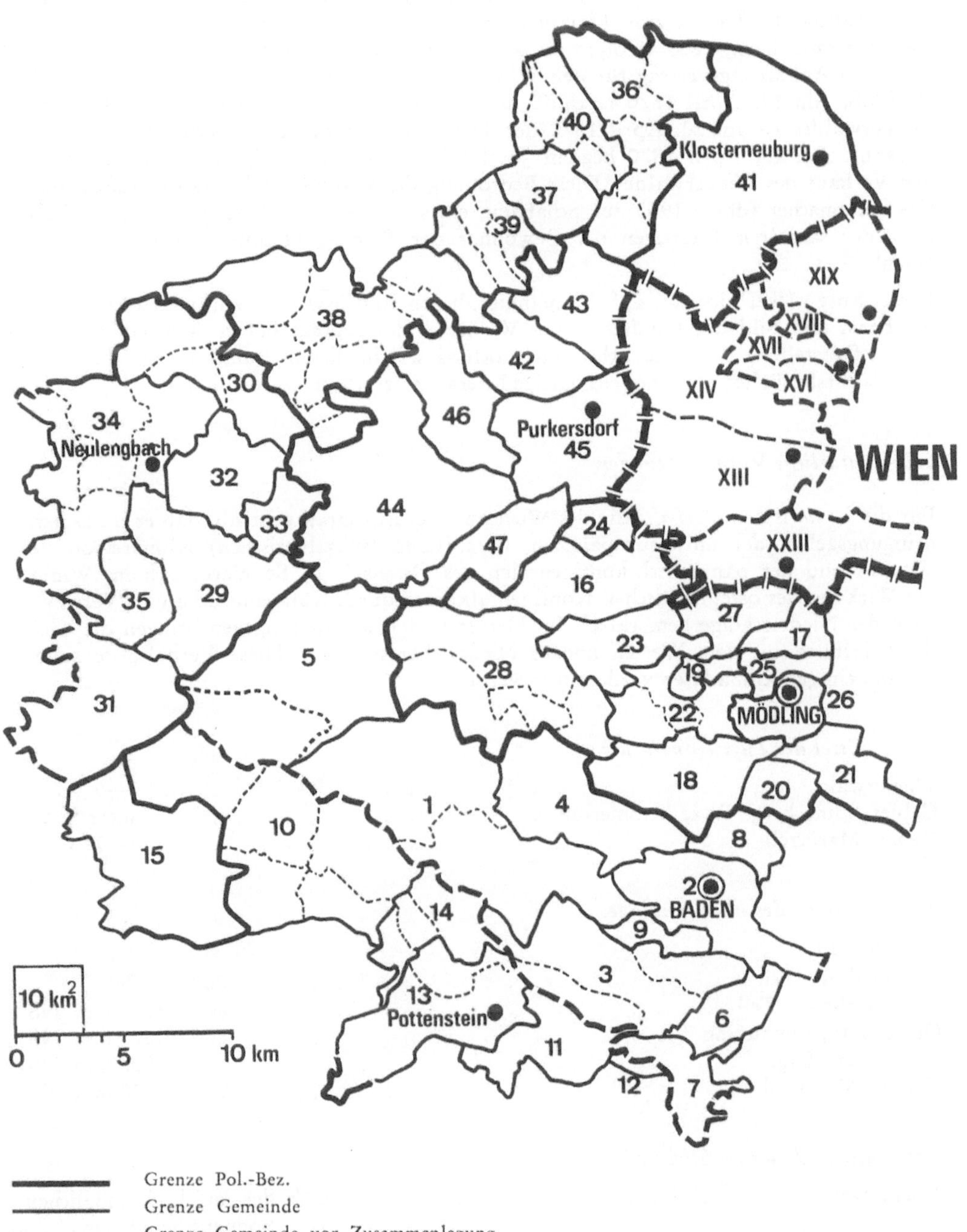

Grenze Pol.-Bez.
Grenze Gemeinde
Grenze Gemeinde vor Zusammenlegung

Der Wienerwald, jahrhundertelang im Besitz der Habsburger, war bis zur Zeit Leopolds I. und Maria Theresias Bannwald. Im Jahre 1755 ging das Waldgebiet mit Ausnahme des Lainzer Tiergartens in das Staatseigentum über. Mit den in dieser Zeit groß angelegten Schlägerungen wurde der unerschöpfliche Reichtum an Nutz- und Brennholz des Wienerwaldes zur Wirtschaftsgrundlage der Gegend. So wandelte sich das ehemalige landfürstliche Jagdgebiet zum Holzlieferanten der nahegelegenen Reichs-, Haupt- und Residenzstadt Wien, 1853 erfolgte die Zuordnung aller Forste zum Finanzministerium, das einen Abholzungsvertrag für den Wienerwald mit dem Holzhändler Moritz Hirschl abschloß. Am 12. April 1870 beschloß der Reichsrat ein Gesetz über den Verkauf des Wienerwaldes — am 20. April 1870 der Wiener Gemeinderat eine Enquete gegen den Verkauf. Am 25. April 1870 begann Josef Schöffel seinen erfolgreichen Kampf gegen den Verkauf des Wienerwaldes. Diese Bedrohung des Waldbestandes durch rücksichtslose Geschäftemacher führte 1905 zur Schaffung eines Wald- und Wiesengürtels „zur Wahrung der sanitären Interessen der Bewohner der Reichs-, Haupt- und Residenzstadt Wien".

Dieser kurze Überblick soll auf die mannigfaltigen Einflüsse und Wirkungen hinweisen, die Form und Bild der Landschaft des Wienerwaldes geprägt haben. Von einer detaillierten Darstellung der historischen Entwicklung soll in diesem Rahmen abgesehen werden, da diesbezüglich auf eine reichhaltige Literatur verwiesen werden kann.

2.2 *Natürliche Voraussetzungen*

Für die *klimatischen Verhältnisse* des Wienerwaldes ist charakteristisch, daß er im Durchdringungsgebiet der mitteleuropäischen, ozeanischen (subatlantischen) Klimaregion des Westens und der pannonisch-kontinentalen des Ostens liegt. So macht sich im Winter die Wirkung des osteuropäischen Kontinentalklimas durch Kälteeinbrüche und Verringerung der Niederschläge bemerkbar. Im Herbst und Frühjahr hingegen bringen die Tiefdruckeinflüsse aus dem Westen höhere Niederschlagsmengen. Diese Verhältnisse sollen anhand einiger Klimadaten verdeutlicht werden:

Jahresmittel der Lufttemperatur:

Wienerwald	7—9° C
Gebiet Schneeberg, Rax, Semmering	unter 5° C
Gebiet Mariazell	5—7° C

Jahressummen des Niederschlages:

Wienerwald	
östlicher Teil	800 mm NS
westlicher Teil	800—1000 mm NS
Gebiet Rax, Semmering	800—1200 mm NS
höhere Lagen	—1800 mm NS
Gebiet Mariazell	1000—1500 mm NS

Sonnenscheindauer im Sommer

Wienerwald	55—65% der effektiv möglichen Sonnenscheindauer
Gebiet Schneeberg, Rax, Mariazell	45—55% der effektiv möglichen Sonnenscheindauer

Abb. 2: Jahresmittel der Lufttemperatur

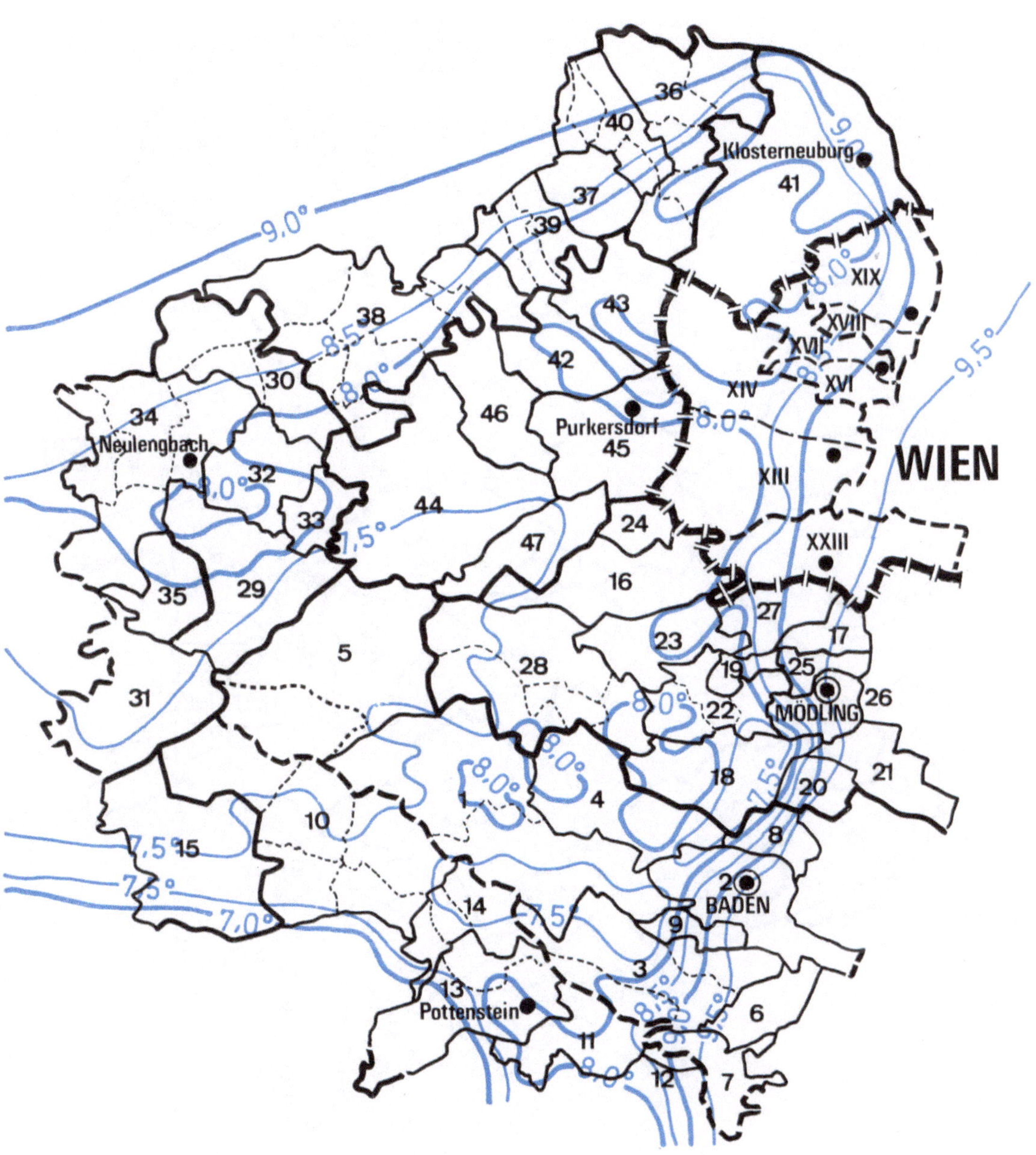

Quelle: Atlas der Republik Österreich, Akademie der Wissenschaften 1961.

Abb. 3: Mittlere Jahressumme des Niederschlags

Quelle: Atlas der Republik Österreich, Akademie der Wissenschaften, 1961.

Sonnenscheindauer im Winter

Wienerwald . . . . 25—35% der effektiv möglichen Sonnenscheindauer

Gebiet Schneeberg, Rax, Mariazell . . . . 35—45% der effektiv möglichen Sonnenscheindauer

Im Frühjahr und Sommer ist der Ostrand des Bundesgebietes besonders sonnig. Der Sonnenschein übersteigt hier vielfach Werte über 50% der effektiv möglichen Dauer.

Im Herbst beginnt in den Tälern und Becken durch die Ausbildung der Kaltluftseen die Entstehung eines Talnebels, der häufig in Hochnebel übergeht. Die Hochnebelschichten an der Obergrenze der Kaltluftseen (Inversionsnebel) haben reichliche Bewölkung von Oktober bis Februar zur Folge und charakterisieren so in ungünstiger Weise den Wiener Raum.

Höhenabhängigkeit der Schneeverhältnisse in Wien und Umgebung

durchschnittliche Höhe in m	Zahl der Tage mit Schneedecke	mittlere maximale Schneehöhe
150 m	34	22 cm
300 m	53	34 cm
600 m	73	55 cm

Andauer der stabilen Winterschneedecke

Wienerwald . . . . ⌀ 25—40 Tage
Gebiet Rax, Schneeberg (tiefere Lagen) . . . . 100—150 Tage
(Schneedecke mit großer Wahrscheinlichkeit zu Weihnachten, aber nicht zu Ostern)
Gebiet Mariazell . . . . 100—150 Tage Schneedecke

Die jährlichen Niederschlagsmengen nehmen von Westen nach Osten ab. Niederschläge kommen am häufigsten bei Winden aus Westen bis Nordwesten vor. Diese Richtungen verlaufen senkrecht zu den von Südwesten nach Nordosten streichenden Höhenzügen des Wienerwaldes, wodurch es in diesem Gebiet zu wesentlich größeren Niederschlägen kommt als in den umgebenden Räumen. Diese Höhenzüge bewirken auch eine kleine Wetter- und Klimascheide; auf der Südostseite dieser Höhenzüge wirkt ein stärkerer Einfluß des Kontinentalklimas, während auf ihrer Nordwestseite der Westwettercharakter überwiegt. Daher weisen auch die Süd- und Südostteile des Gebietes im Winter niedrigere Temperaturen auf als im rein ozeanischen Klima.

Geologisch wird der Wienerwald im wesentlichen in eine Flysch- und eine Kalk-(Dolomit-)zone unterteilt.

Die im N-Teil liegende Flyschzone ist in mehrere Gesteinszonen mit ungefähr parallel von WSW nach ONO streichendem Verlauf gegliedert. Die Geländeformen sind vorwiegend Bergrücken und kleine Plateaus mit sanften bis steilen Hängen, breiten Muldentälern und steilen, meist tief eingeschnittenen Kerbtälern der Quellbäche. Charakteristisch sind im Flysch die extrem ungleichmäßigen Wasserabflußverhältnisse. Das Niederschlagswasser dringt kaum in den Boden ein, fließt daher rasch ab, so daß bei starkem Regenfall (Gewitter) kurzzeitige Wildbäche mit beachtlicher Wasserführung entstehen, welche im Laufe der Zeit starke Erosionsrinnen bildeten.

Die Kalk- oder Dolomitzone folgt südlich der Linie Altenmarkt-Alland-Grub-Sulz-Kaltenleutgeben-Kalksburg. Im Nordostteil zwischen Höllenstein, Kaltenleutgeben und Kalksburg herrschen stark mergelige Jurakalke vor. Widerstandsfähige Triaskalke bauen Anninger, Peilstein und Eisernes Tor auf. Ein bedeutender Teil des südlichen Wienerwaldes (Höllensteinmassiv, Berge südlich von Heiligenkreuz und östlich des Peilsteins) bestehen aus verkarstungsfähigem und leicht verwitterndem Dolomit (Steinbrüche!). Die Geländeformen der Kalkzonen sind steiler und abwechslungsreicher als jene der Flyschzone. In den Tälern wechseln Engen und Weiten; Felsbildungen sind häufig. (Kartenskizze 4.)

Der Waldanteil ist im Wienerwald überdurchschnittlich hoch. 70.995 ha (= 56% der Gesamtfläche) sind mit Wald bestockt. Der durchschnittliche Waldanteil im Bundesland Niederösterreich beträgt demgegenüber nur 36% im Waldviertel nur zwischen 20 und 30%. (Kartenskizze 5.)

23 von den insgesamt 47 Wienerwald-Gemeinden (Anteil an der Gesamtfläche des Wienerwaldes 54%) weisen eine überdurchschnittlich hohe Waldausstattung (von 50 bis zu 90%) auf.

Veränderungen an der Waldfläche, insbesondere auch Waldflächenverluste, sind im Wienerwald verhältnismäßig gering, was vor allem auf die forstrechtlichen Schutzbestimmungen, aber auch auf das Verantwortungsbewußtsein der Waldeigentümer zurückzuführen ist. In neunzehn Gemeinden des Wienerwaldes ist eine Waldzunahme von zusammen 419 ha zu verzeichnen, wenn man die Verhältnisse der Jahre 1960 und 1971 gegenüberstellt. Von dieser Zunahme entfallen 161 ha auf die Gemeinde Altenmarkt und liegen zum Großteil in dem früher selbständigen Gemeindeteil Nöstach. Eine besonders auffallende Steigerung des Bewaldungsprozentes in der Gemeinde Klosterneuburg (um 938 ha) ist hiebei unberücksichtigt geblieben, da es sich um eine Kulturartenumschreibung ohne Änderung der tatsächlichen Verhältnisse handelt. Eine Anhebung des Bewaldungsprozentes um mehr als 1% weisen außerdem die Gemeinden Laab (8 ha), Wienerwald (54 ha) und Neulengbach (79 ha) auf. (Kartenskizze 6.)

In fünf Gemeinden ist die Waldfläche in dem beschriebenen Zeitraum unverändert geblieben. In 23 Gemeinden ist eine Abnahme von zusammen 171 ha, im Gemeindedurchschnitt also von 7,5 ha festzustellen.

Waldflächenverluste sind im Umgebungsbereich von Ballungszentren immer schmerzlich. Stark ins Gewicht fallen sie jedoch dort, wo von Haus aus eine geringe Bewaldungsdichte vorhanden ist. Wenn man die Waldflächenabnahme im Wienerwald unter diesem Gesichtspunkt beurteilt, so ist festzustellen, daß von den Gemeinden mit weniger als 35% Bewaldung nur 7 Gemeinden eine Abnahme der Waldfläche von zusammen 39 ha aufweisen. Die übrigen 16 Gemeinden mit Waldflächenverlusten sind also solche, die über mehr als 35% Bewaldung verfügen.

Eine Abnahme des Bewaldungsprozentes um mehr als 1 Prozent ist in den Gemeinden Gießhübl (9 ha) und Eichgraben (14 ha) festzustellen.

Die Zahlenangaben bestätigen also die bereits gemachte Feststellung, daß der Wald im Untersuchungsgebiet hinsichtlich seiner Flächenausdehnung absolute Stabilität besitzt. Wenn trotzdem immer wieder auf die Zersiedelung des Wienerwaldes hingewiesen und von einer Gefährdung dieses Landschaftsraumes gesprochen wird, so beziehen sich derartige Feststellungen nur in den seltensten Fällen auf die Waldfläche selbst. Zersiedelt wird der Wienerwald in erster Linie durch die ungeregelte und unzureichend geplante Inanspruchnahme von landwirtschaftlichen Flächen für Bauzwecke, durch die ökologisch und ästhetisch nicht vertretbare Verbauung von Waldrändern sowie durch das unorganische Auseinanderfließen der Siedlungsentwicklung in den Landschaftsraum hinein. All das tangiert natürlich auch den Wald, insbesondere seine Wirkung als Landschaftselement, spielt sich aber außerhalb der Waldfläche und damit auch außerhalb des unmittelbaren Einflußbereiches der Forstleute ab.

Abb. 4: Vorherrschende Landnutzung Wälder

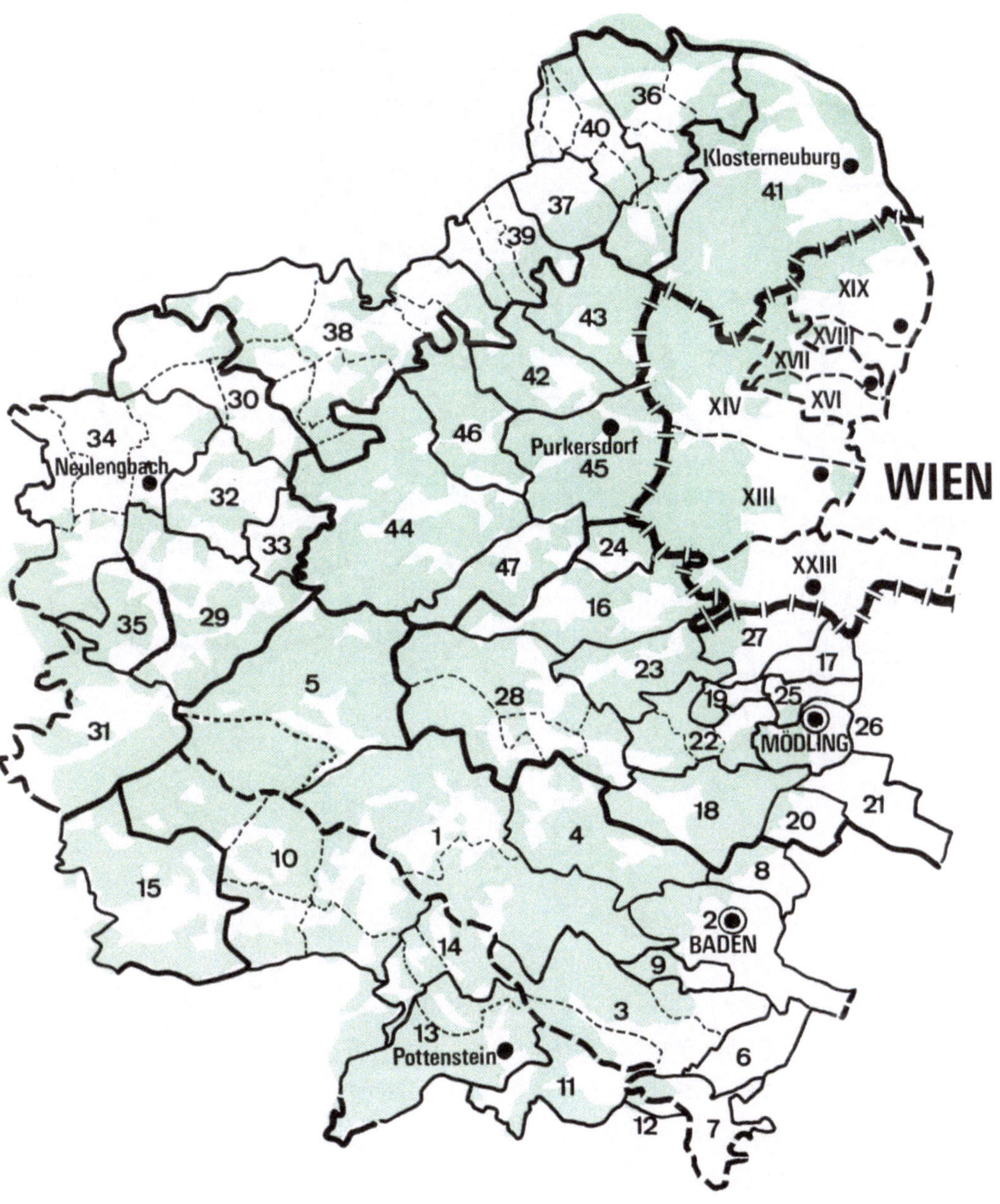

Quelle: Atlas der Republik Österreich, Akademie der Wissenschaften, 1961.

Abb. 5: Absolute Bewaldungsprozente

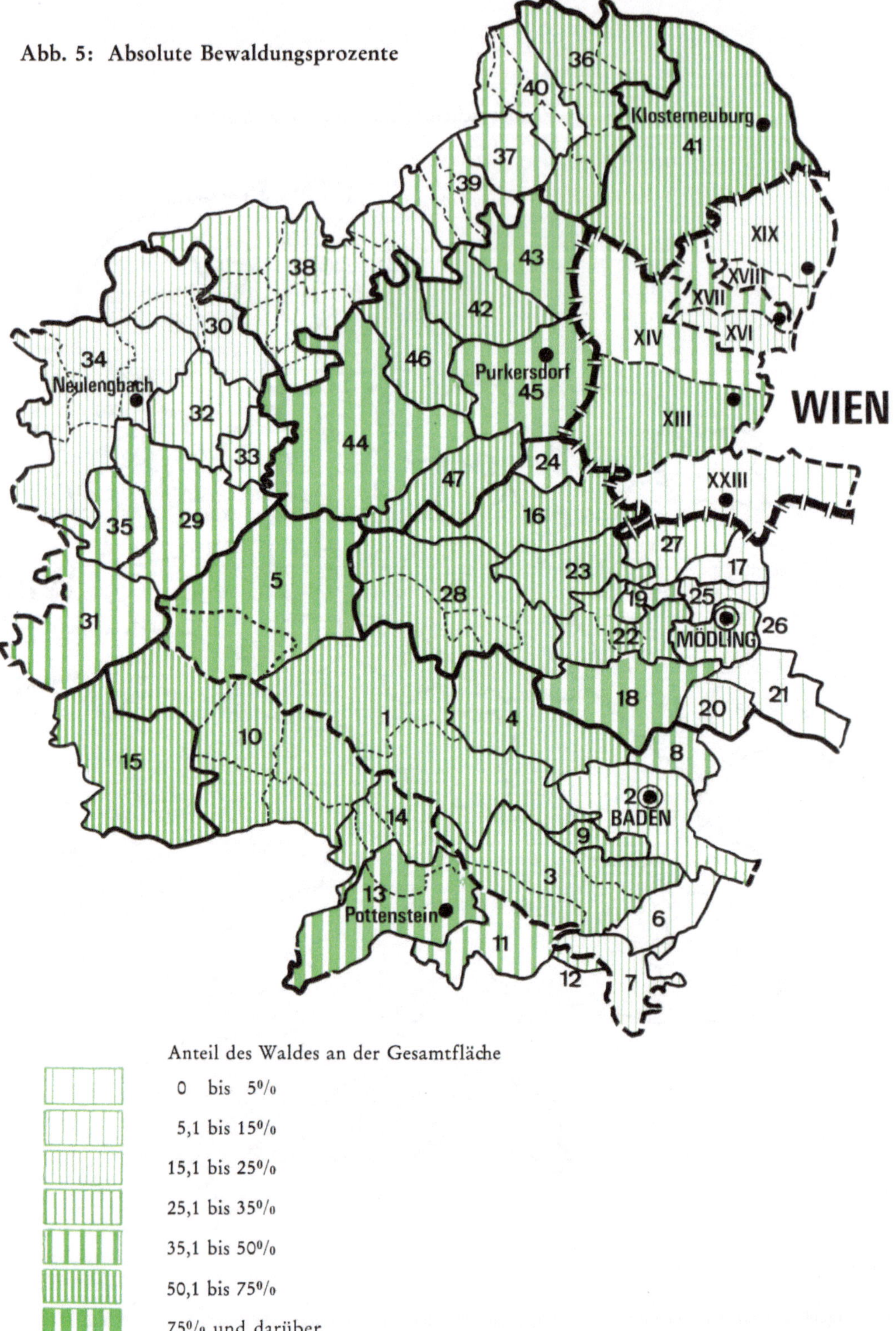

Quelle: Kulturflächenausweis des Bundesamtes für Eich- und Vermessungswesen / Stand: 1971.

Abb. 6: Die Veränderung des absoluten Bewaldungsprozentes von 1960 bis 1971

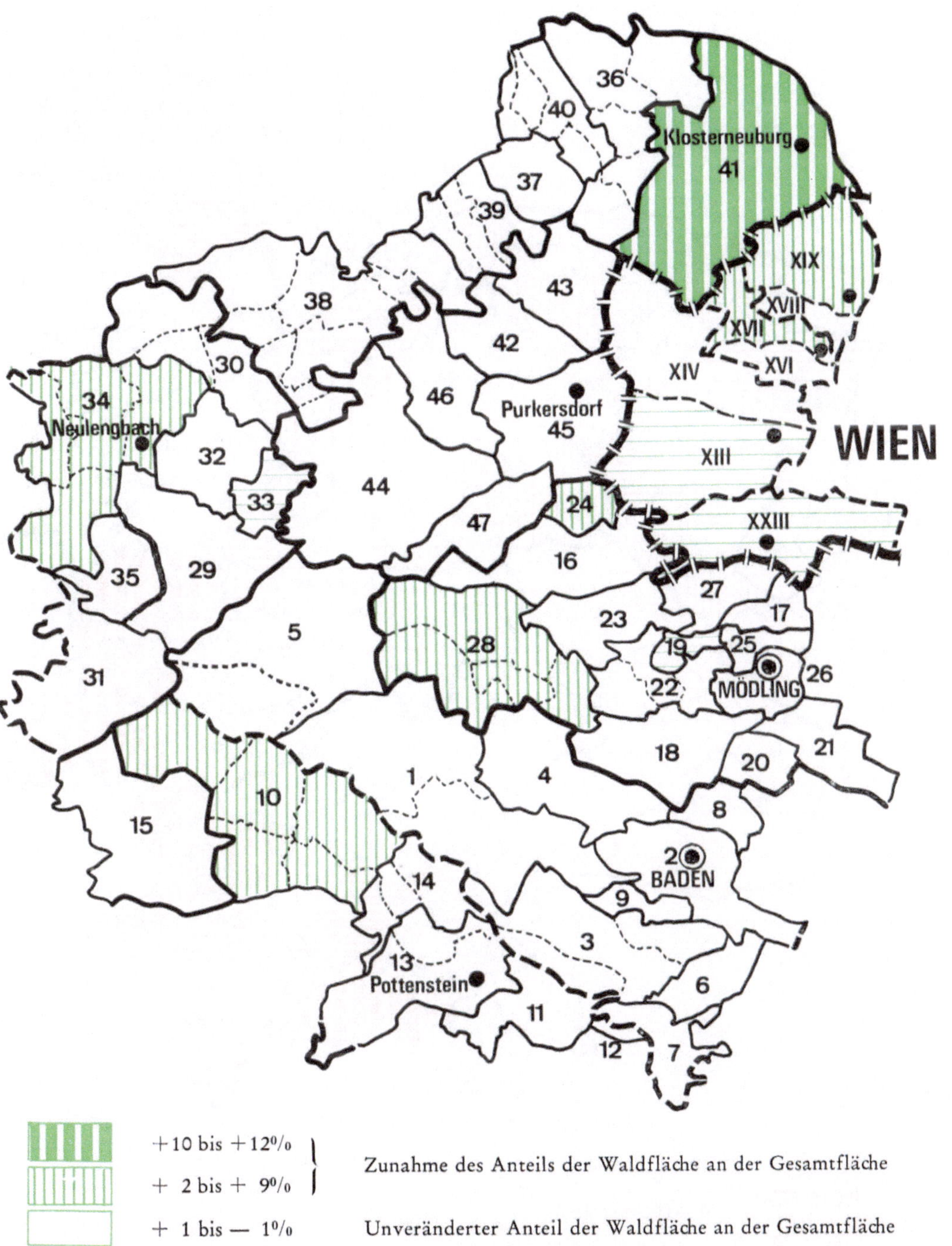

	+10 bis +12%	Zunahme des Anteils der Waldfläche an der Gesamtfläche
	+ 2 bis + 9%	
	+ 1 bis — 1%	Unveränderter Anteil der Waldfläche an der Gesamtfläche
	— 1 bis — 3%	Abnahme des Anteils der Waldfläche an der Gesamtfläche

Quelle: Kulturflächenausweis des Bundesamtes für Eich- und Vermessungswesen / Stand: 1971.

Abb. 7: Bevölkerungsdichte (Einwohner/km²) 1971

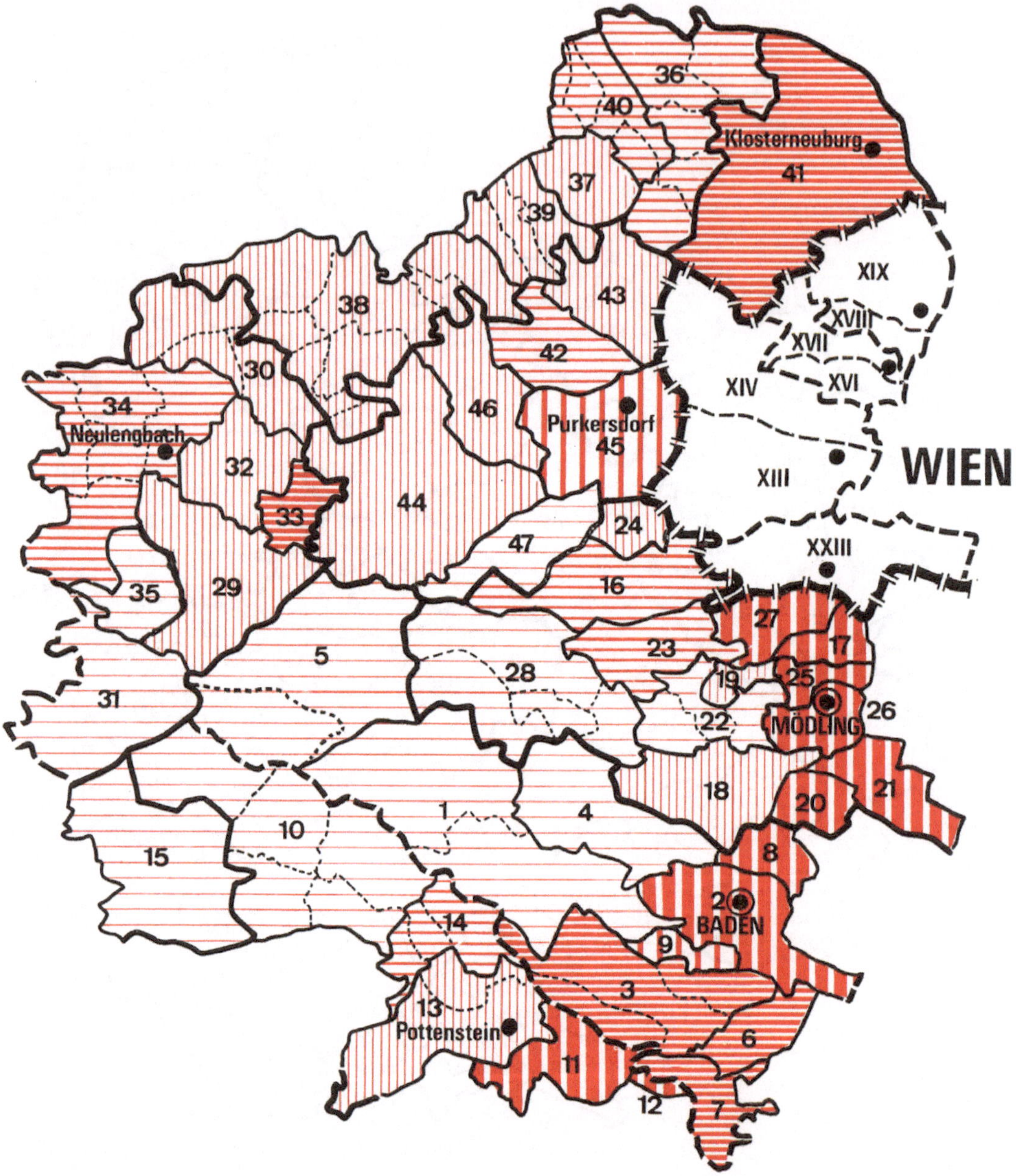

0— 50 EW/km²

51—100 EW/km²

101—150 EW/km²

151—200 EW/km²

201—300 EW/km²

mehr als 300 EW/km²

Quelle: Ergebnisse der Volkszählung vom 12. Mai 1971, Heft 1. Endgültige Ergebnisse über die Wohnbevölkerung nach Gemeinden, Wien 1971.

2.3 *Wirtschaftliche Strukturen*

Als Wirtschaftsraum besitzt der Wienerwald — gemessen an benachbarten Gebieten mit zentralen Einrichtungen, mit Industrien und mit intensiver landwirtschaftlicher Produktion — keine große Belastung. Unter dieser Voraussetzung kann die Forstwirtschaft als eine der im Vordergrund stehenden Wirtschaftssparten bezeichnet werden. In weiten Teilen weist der Wienerwald charakteristische Merkmale des ländlichen Raumes auf, womit geringe Industriebeschäftigtenquote, geringe Bevölkerungsdichte, deutliche wirtschaftliche und strukturelle Schwächen sowie damit verbunden eine ganze Fülle von Entwicklungsproblemen signalisiert werden. Diese Feststellungen gelten für den größten Teil der niederösterreichischen Wienerwald-Gemeinden, natürlich nicht für den zum Wiener Stadtgebiet zählenden Teil des Untersuchungsgebietes, der deshalb aus den nachfolgenden strukturellen Analysen ausgeklammert bleibt.

Mit einer *Bevölkerungsdichte* von 162 Einwohnern je km² liegt der Durchschnitt des Wienerwaldes zwar über dem Durchschnitt des Landes Niederösterreich (74 Einwohner je km²). Läßt man die fünf am Rand des Wienerwaldes liegenden Gemeinden mit mehr als 10.000 Einwohnern (Baden, Bad Vöslau, Mödling, Perchtoldsdorf und Klosterneuburg) aber außer Ansatz, so ergibt sich eine durchschnittliche Bevölkerungsdichte von 107, was etwa der Bevölkerungsdichte der Bezirke Wels-Land, Vöcklabruck oder Leibnitz entspricht. 21 Gemeinden mit ca. 50% der Gesamtfläche des Untersuchungsgebietes weisen eine Bevölkerungsdichte unter 100 auf, 9 Gemeinden mit 21% der Gesamtfläche eine solche von unter 50 Einwohner je km². Gerade aus diesen beiden letztgenannten Angaben ist zu ersehen, wie sehr im Wienerwald — trotz seiner Nähe zur Großstadt und zum industrialisierten Ballungszentrum — die Merkmale der naturbelassenen, dünnbesiedelten Landschaft noch dominant sind. (Kartenskizze 7.)

In der *Bevölkerungsentwicklung* von 1961 bis 1971 weist der Wienerwald eine Bevölkerungszunahme von 6,5% auf, die erheblich über dem niederösterreichischen Durchschnitt liegt. Die dem Wienerwald zuzurechnenden Teile der Ger.-Bez. Pottenstein und Klosterneuburg haben allerdings eine Bevölkerungsabnahme zu verzeichnen. Schwerpunkte der Zunahme (Siehe Kartenskizze 8) sind die Gemeinden

Kottingbrunn	26%
Breitenfurt	52%
Kaltenleutgeben	30%
Maria Enzersdorf	112%
Gablitz	24%

Es zeigt sich, daß insbesondere die Randgemeinden des Wienerwaldes, die — wie zum Beispiel Breitenfurt — als Wohngemeinde für Personen geeignet sind, welche in Wien ihren Arbeitsplatz haben, eine ganz massive Bevölkerungszunahme zu verzeichnen haben. Diese Wienerwald-Gemeinden stehen dadurch in zunehmendem Maße vor schwierigen, nahezu unlösbaren Problemen; denn wenn sich nicht gleichzeitig mit einer solchen Bevölkerungszunahme die wirtschaftliche Struktur und damit die wirtschaftliche Leistungsfähigkeit der Gemeinde verbessert, schafft der Zuzug von Wohnbevölkerung nur finanzielle Probleme (gemeindliche Infrastruktur), die kaum lösbar sind.

Mit rund 125.000 *Berufstätigen* ergibt sich 1971 eine Beschäftigtenquote von 64%. Die Zahl dieser Berufstätigen ist seit 1961 fast unverändert geblieben.

Der Anteil der landwirtschaftlichen Bevölkerung ist von 8,1% im Jahre 1961 auf 4,9% (9.646 Personen) im Jahre 1971 zurückgegangen. Die Agrarquote, also der Anteil der in der Land- und Forstwirtschaft Beschäftigten an der Gesamtzahl der Beschäftigten ist von 8,1 auf 4,2% gefallen. 5.334 Menschen sind demnach in der Land- und Forstwirtschaft beschäftigt. In den letzten zehn Jahren ist der landwirtschaftliche Bevölkerungs-

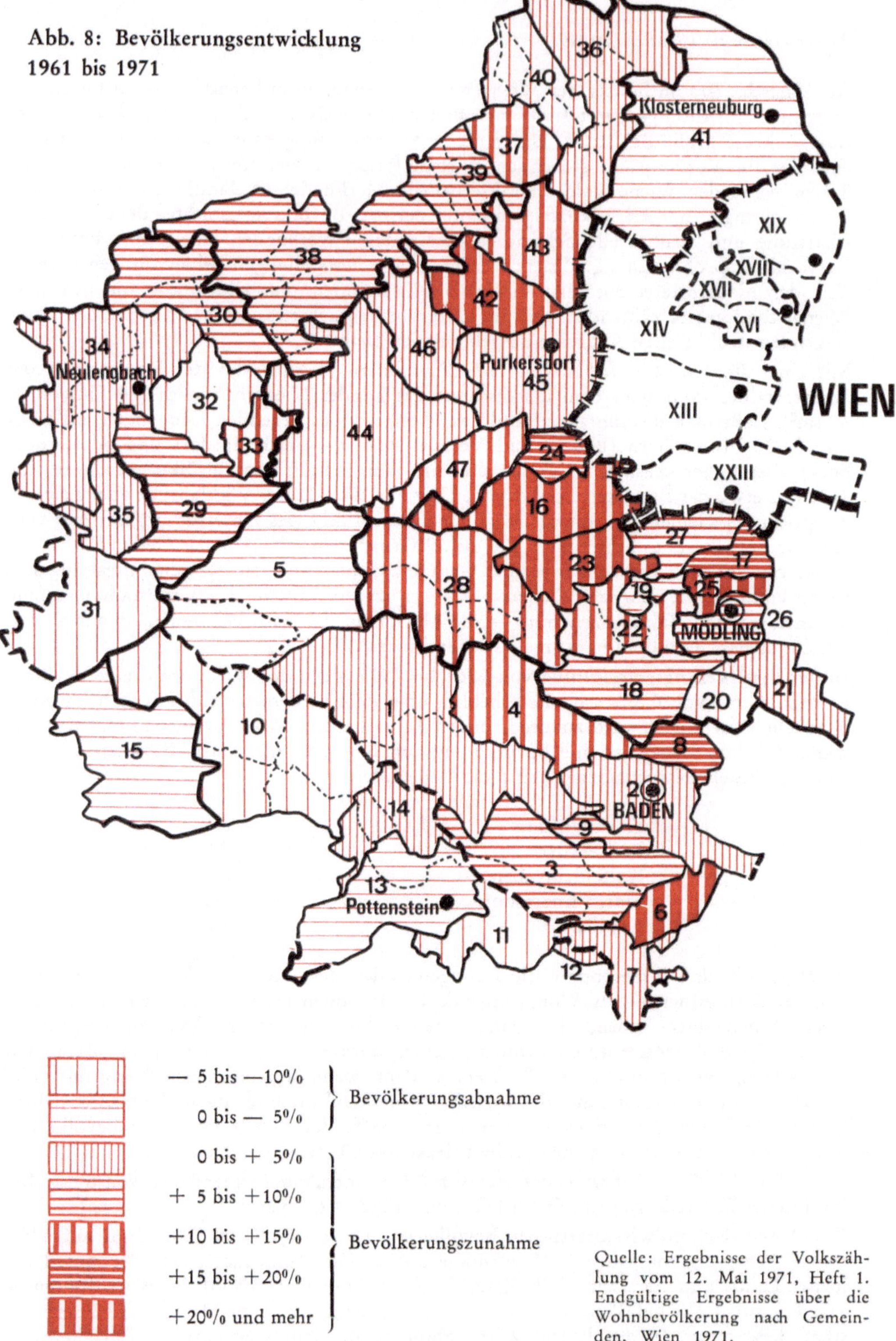

Abb. 8: Bevölkerungsentwicklung 1961 bis 1971

Quelle: Ergebnisse der Volkszählung vom 12. Mai 1971, Heft 1. Endgültige Ergebnisse über die Wohnbevölkerung nach Gemeinden, Wien 1971.

Abb. 9: Agrarquote 1971

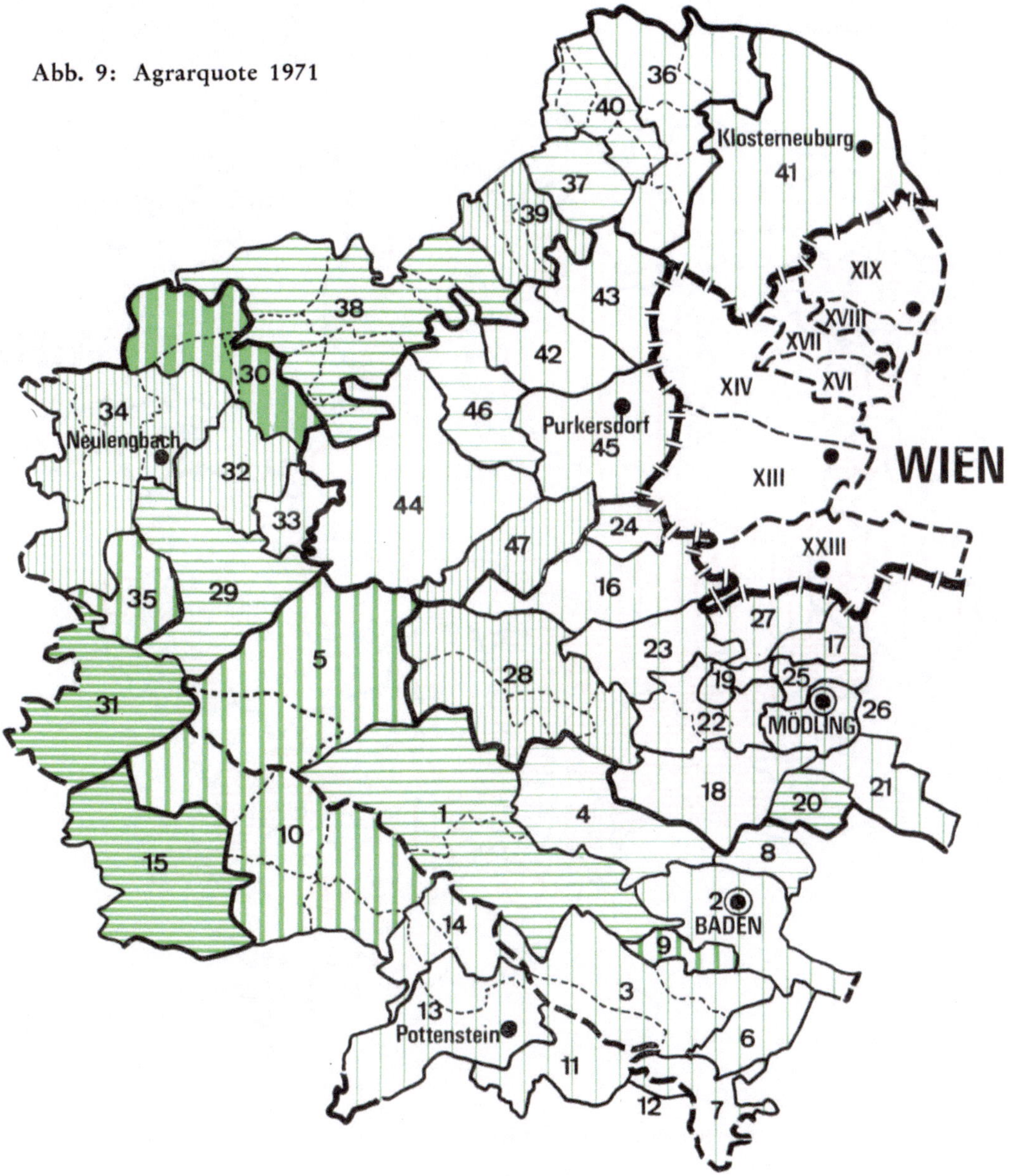

Klosterneuburg
Neulengbach
Purkersdorf
WIEN
MÖDLING
BADEN
Pottenstein

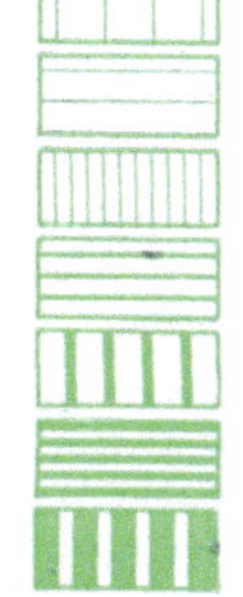

0 — 5%

5,1—10%

10,1—15%

15,1—20%

20,1—25%

25,1—30%

30,1% und mehr

Quelle: Ergebnisse der Volkszählung vom 12. Mai 1971, Heft 1. Endgültige Ergebnisse über die Wohnbevölkerung nach Gemeinden, Wien 1971.

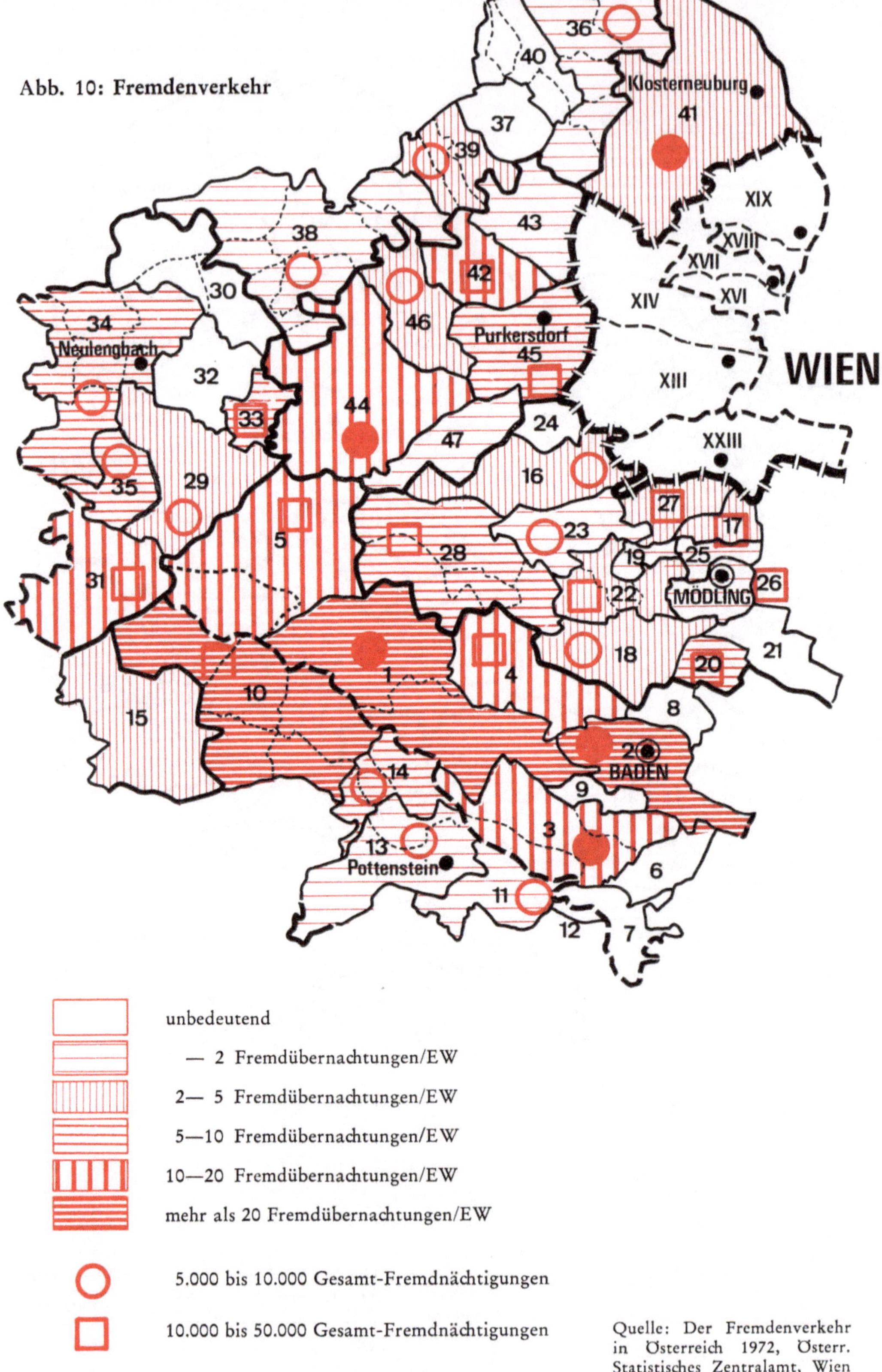

Abb. 10: Fremdenverkehr

Quelle: Der Fremdenverkehr in Österreich 1972, Österr. Statistisches Zentralamt, Wien 1973.

und Beschäftigtenanteil also etwa halbiert worden, was auf den Strukturwandel hinweist, dem gerade die Landwirtschaft dieses Gebietes unterworfen ist. (Kartenskizze 9.)

Mit einer Agrarquote von 24% steht der Gerichtsbezirk Neulengbach an der Spitze, gefolgt von den Gerichtsbezirken Tulln mit 8% und Pottenstein mit 7,4%. Relativ hoch sind im allgemeinen die Agrarquoten in den Gemeinden des westlichen und südwestlichen Teiles des Wienerwaldes.

Industriell-gewerbliche Arbeitszentren sind im größeren Umfang nur am Rand des Wienerwaldes vorhanden (in Liesing, Brunn am Gebirge, Mödling, Gumpoldskirchen, Traiskirchen, Bad Vöslau, Hirtenberg, Berndorf, Pottendorf). Im Wienerwald selbst bestehen nur einige kleinere Industriebetriebe (Sägewerk in Purkersdorf, Preßbaum; Zementerzeugung bei Kaltenleutgeben; Bergbau ist durch den Abbau und die Verarbeitung von Kalkstein und Dolomit vertreten).

Die *Fremdenverkehrswirtschaft* verfügt im Wienerwald — im Verhältnis zur Nachfrage — nur über ein ungenügendes Angebot bei zumeist ungenügender Qualität, was auch für die Privatzimmervermietung, besonders in bäuerlichen Betrieben zutrifft. Wenngleich die fremdenverkehrswirtschaftliche Bedeutung des Wienerwaldes hauptsächlich in seiner Funktion als Ausflugsgebiet für die Wiener Bevölkerung liegt, so darf doch auch seine naturräumliche Eignung als Erholungsraum schlechthin und damit auch für Urlaubsaufenthalte nicht übersehen werden. Wenn man die Nächtigungsintensität im Wienerwald, gemessen an den Nächtigungen je Bevölkerung, mit der anderer Räume vergleicht, so zeigt sich auch dadurch, wie wenig die fremdenverkehrswirtschaftliche Eignung des Gebietes in praktische Wirtschaftsabläufe umgesetzt werden konnte (Abb. 10).

Nächtigungen je Kopf der Bevölkerung	Wienerwaldgemeinden
36	Alland
22	Baden
21	Altenmarkt
16	Heiligenkreuz
13	Klausenleopoldsdorf
5	Weißenbach
5	Gaaden
Zum Vergleich:	
46	Pol. Bez. Tamsweg
127	Kleinregion Wagrain
337	Gemeinde Bad Kleinkirchheim

In der *Land- und Forstwirtschaft* liegt das Hauptgewicht auf der Waldnutzung, was auch durch die nachstehende Kulturartenverteilung offenkundig wird (Abb. 11).

Äcker	16%
Wiesen	14%
Gärten	7%
Weingärten	2%
Hutweiden	2%
Wald	52%
unproduktiv	7%

Die Landwirtschaft hat ihre Schwerpunkte im bäuerlich-strukturierten westlichen Teil des Wienerwaldes, in den jungen Rodungsinseln des östlichen Wienerwaldes (Tullnerbach, Wolfsgraben) und in den Randgebieten im Norden und Süden.

Abb. 11: Kulturartenanteil

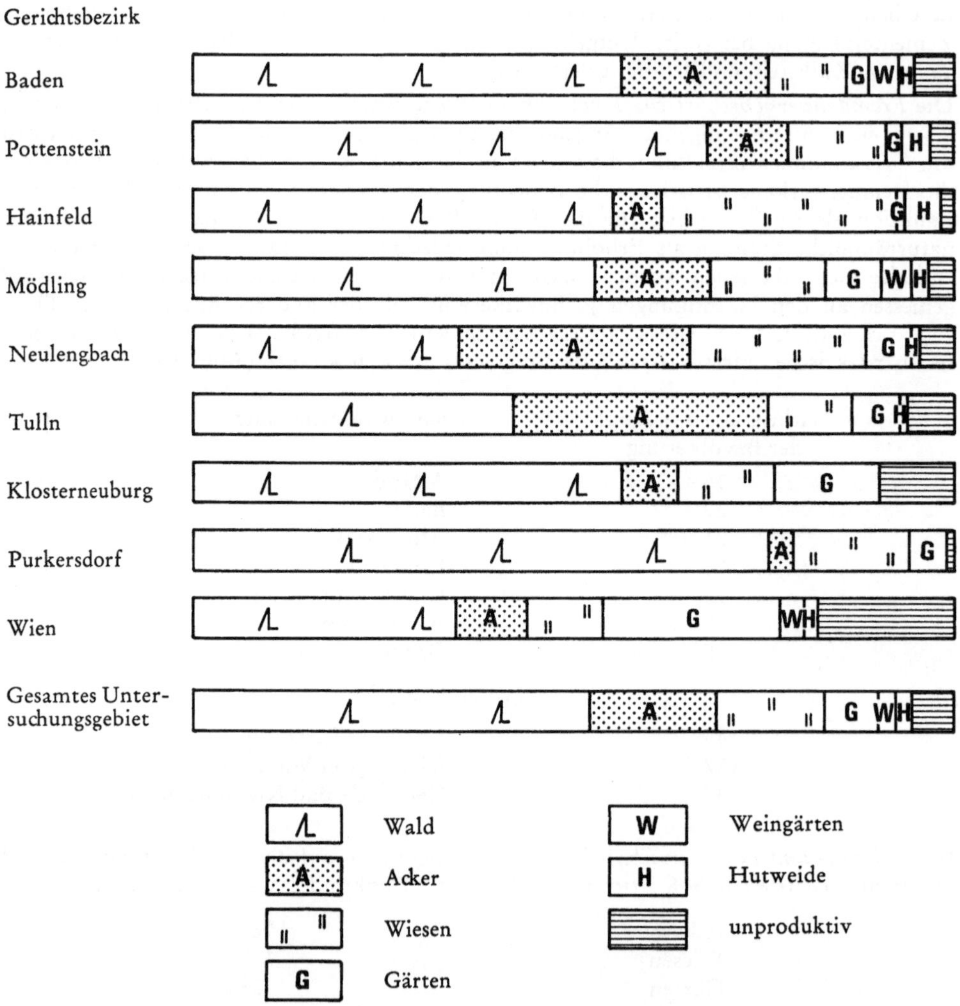

Gerichtsbezirk

Baden

Pottenstein

Hainfeld

Mödling

Neulengbach

Tulln

Klosterneuburg

Purkersdorf

Wien

Gesamtes Untersuchungsgebiet

Wald

Acker

Wiesen

Gärten

Weingärten

Hutweide

unproduktiv

Quelle: Kulturflächenausweis des Bundesamtes für Eich- und Vermessungswesen / Stand: 1971.

Die *Besitzstruktur in der Land- und Forstwirtschaft* wird durch das Überwiegen von großen Forstbetrieben charakterisiert. 58% der land- und forstwirtschaftlichen Nutzfläche gehören zu Betrieben über 100 ha. Diese Zahl stammt aus der Betriebszählung 1960, da für 1970 keine Aufgliederung der anteiligen Flächen und Betriebsgrößen gegeben wurde. Der verbleibende Bereich, also die Betriebe unter 100 ha, die im wesentlichen als bäuerliche Betriebe anzusprechen sind, weist eine ungünstige Größenstruktur auf: Der Anteil der unter 5 ha großen Betriebe, also der Kleinstbetriebe, ist verhältnismäßig hoch. Aber auch die unter 20 ha großen Betriebe sind noch zu einem erheblichen Teil an der Gesamtbetriebszahl beteiligt: nur in einer einzigen Wienerwald-Gemeinde beträgt der Anteil der Betriebe unter 20 ha weniger als 50% aller Betriebe. Da ein land- und forstwirtschaftlicher Betrieb unter 20 ha — von Sonderkulturen abgesehen — in der Zukunft kaum als ausreichende Existenzgrundlage für eine bäuerliche Familie angesehen werden kann, ergibt sich daraus ein Hinweis auf die ungünstigen betriebswirtschaftlichen Voraussetzungen der bäuerlichen Betriebe im Wienerwald. (Abb. 12 und 13.)

Eine ähnliche Feststellung leitet sich auch aus der Aufgliederung der land- und forstwirtschaftlichen Betriebe nach Vollerwerb- und Nebenerwerbsbetrieben ab. Von den im niederösterreichischen Teil des Wienerwaldes gelegenen 5.297 Betrieben sind 2.414 Vollerwerbsbetriebe und 2.236 Nebenerwerbsbetriebe. Die Nebenerwerbsbetriebe dominieren in den östlichen Teilen des Wienerwaldes sowie in den Gemeinden Klausenleopoldsdorf und Klosterneuburg. (Abb. 14, 15, 16 und 17.)

Im Zeitraum zwischen 1951 und 1970 war die Verringerung der Betriebszahlen sehr groß, die Abnahmen in den einzelnen Gemeinden lagen zwischen 7 und 65%; im Durchschnitt beträgt die Verringerung der Anzahl der Betriebe 37%. Die Durchschnittsziffer des gesamten Bundeslandes Niederösterreich beträgt demgegenüber nur 26,5% und ist bereits wesentlich höher als der gesamtösterreichische Durchschnitt mit 15%. Daraus ist deutlich die strukturelle Schwäche der Landwirtschaft im Wienerwald zu ersehen, die nicht zuletzt durch das Vorhandensein besonders vieler Kleinbetriebe begründet wird. Diese Verminderung der Betriebszahlen bezieht sich auch ausschließlich auf die Größenklassen bis zu 20 ha. Die Betriebe über 20 ha haben sich vermehrt, teils durch Kauf von Flächen, teils durch Zupachtung; die Neubildung solcher Betriebe dürfte eine Ausnahme sein. (Abb. 18 und 19.)

Parallel mit der Abnahme der Betriebszahl geht auch die Abnahme der *landwirtschaftlichen Nutzfläche* im Untersuchungsgebiet, die von 1960 bis 1971 insgesamt 2.167 ha betragen hat und besonders deutlich am Ostabhang des Wienerwaldes, weiters in den Ge-Neulengbach und in Teilen des Ger. Bez. Pottenstein in Erscheinung tritt. (Abb. 20.)

2.4 *Waldbesitzstruktur*

Für die forstliche Besitz- und Betriebsstruktur ist die Tatsache von ausschlaggebender Bedeutung, daß 85% der gesamten Waldfläche des Wienerwaldes zu *Betrieben mit über 100 ha Gesamtausmaß* gehören. Die forstwirtschaftliche Problematik des Wienerwaldes konzentriert sich daher sehr stark auf die großen Forstbetriebe. In den Betrieben über 100 ha macht der Wald überall mehr als 75% der Gesamtbetriebsfläche aus. In den land- und forstwirtschaftlichen *Betrieben unter 100 ha* ist der Waldanteil sehr unterschiedlich. Er beträgt im Gerichtsbezirk Pottenstein etwa 42%, Neulengbach etwa 30%, Baden und Tullnerbach etwa 20%, Mödling und Klosterneuburg etwa 10%. Insgesamt hat der bäuerliche Wald ein nennenswertes Ausmaß nur in den Gerichtsbezirken Tulln, Neulengbach, Pottenstein und Baden, wobei dieser bäuerliche Wald hauptsächlich zu Betrieben zwischen 20 und 100 ha gehört. [1]) Die Vollerwerbsbetriebe haben eine durch-

---

[1]) Diese Angaben über Flächenanteile aus der Betriebszählung 1961, die folgenden aus 1971

schnittliche Waldausstattung von 36%, die Nebenerwerbsbetriebe eine solche von 34%. Es zeigt sich also, daß im bäuerlichen Bereich der Wald insbesondere auch bei den Vollerwerbsbetrieben von großer Bedeutung ist.

47%	Österreichische Bundesforste
4%	Gemeinde Wien
17%	Großprivatwald
10%	Besitz der Stifte und der Kirche
22%	Kleinwald

2.5 Baumartenverteilung

Die Baumartenverteilung zeigt, daß die Buche im Wienerwald als die Hauptholzart anzusprechen ist (46% Flächenanteil). Dies gilt insbesondere für die Kernzone des Vorkommens, das ist der von Norden nach Süden verlaufende mittlere Teil, wo die Buche ziemlich einheitlich auf der gesamten Waldfläche einen Anteil von 50 bis zu 75% für sich beansprucht. Im übrigen Gebiet beträgt ihr Anteil zumeist mehr als 35%. Geringer ist er nur am nordwestlichen Rand des Wienerwaldes und im Südosten.

Der Anteil der Eiche (6%) schwankt zwischen 5 und 25%; in der Kernzone des Wienerwald-Gebietes ist sie kaum vertreten.

Die Fichte tritt im Wienerwald mit relativ starken Anteilen in Erscheinung (Gesamtanteil 9,6%), lediglich in den östlichen Randgebieten fehlt sie fast völlig. Starke Fichtenanteile (15 bis 25%) sind in Mauerbach, Preßbaum, Klausenleopoldsdorf und Kaumberg festzustellen.

Die Tanne (Gesamtanteil 8%) ist verhältnismäßig stark im Südwesten des Wienerwaldes (bis zu 25%) vertreten, ebenso auch in der Kernzone (bis 15%), am schwächsten im nördlichen Wienerwald.

Die Weißkiefer hat einen Gesamtanteil von 8% und kommt insbesondere in den Randgebieten im Westen, im Süden und Südosten mit einem durchschnittlichen Mischungsanteil von 5 bis 25% vor.

Als typische Baumart des Wienerwaldes in einem allerdings räumlich sehr eingeschränkten Bereich ist die Schwarzkiefer anzusehen (Gesamtanteil 10%), die im südöstlichen Teil (Baden, Pottenstein) 15 bis 75% der Waldfläche für sich beansprucht.

Die Lärche weist nirgends höhere Anteile als 15% auf (Gesamtanteil 3,4%) und tritt hauptsächlich im Südwesten und auf Nordabhängen in Erscheinung.

Diese Baumartenverteilung entspricht aber keineswegs den historischen Gegebenheiten, die einerseits durch wirtschaftsbedingte Eingriffe, andererseits durch Auswirkungen des Wildstandes in den zurückliegenden Jahrzehnten deutlich verändert wurde. Für den Bereich der Bundesforstverwaltungen im Wienerwald hat MOSER diese Entwicklung wie folgt zusammengestellt:

Flächenanteile in %

Jahr	Rot- u. Weiß-Buche	Eiche	Sonstiges Laubholz	Laubholz gesamt	Tanne	Fichte	Lärche Kiefer u. sonst. Nadelholz	Nadelholz gesamt
1857	57	3	8	68	31	—	1	32
1932	59	3	2	64	19	10	7	36
1969	65	4	4	73	6	10	11	27

Abb. 12: Betriebsstrukturen in der Land- und Forstwirtschaft

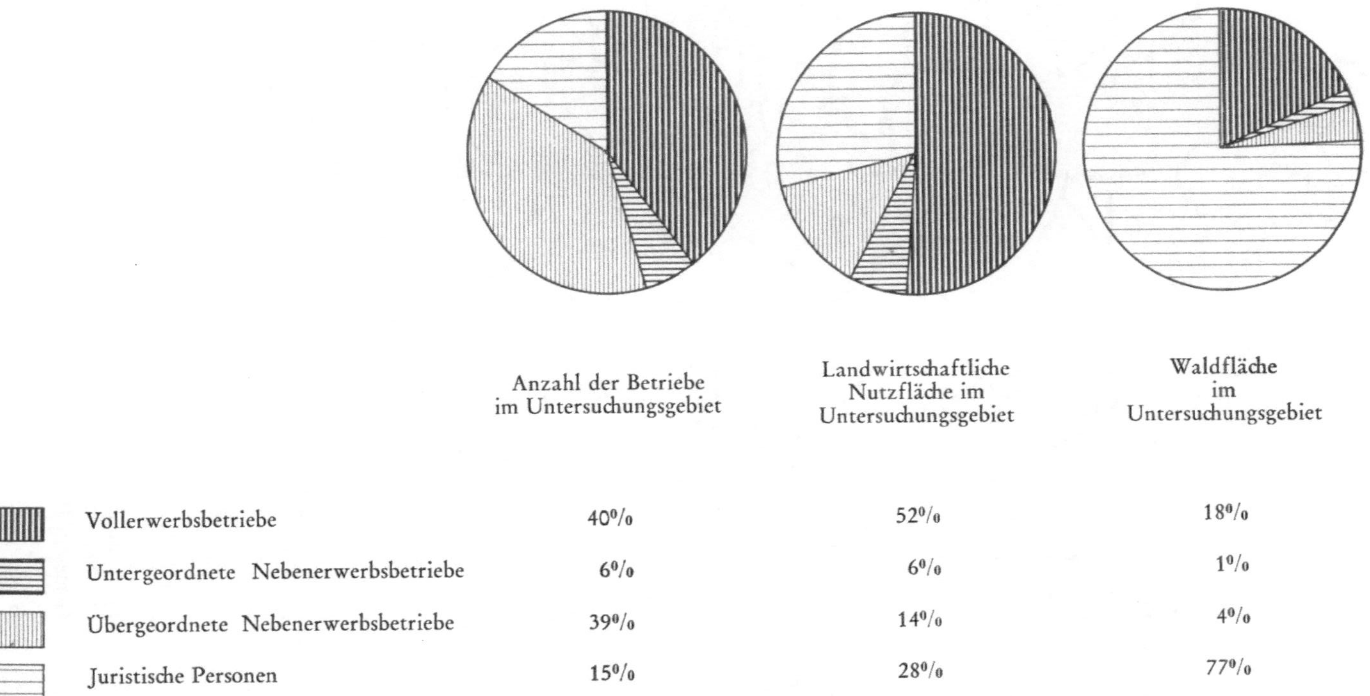

	Anzahl der Betriebe im Untersuchungsgebiet	Landwirtschaftliche Nutzfläche im Untersuchungsgebiet	Waldfläche im Untersuchungsgebiet
Vollerwerbsbetriebe	40%	52%	18%
Untergeordnete Nebenerwerbsbetriebe	6%	6%	1%
Übergeordnete Nebenerwerbsbetriebe	39%	14%	4%
Juristische Personen	15%	28%	77%

Quelle: Land- und forstwirtschaftliche Betriebszählung vom 1. Juni 1970, Landeshefte Wien und Niederösterreich, herausgegeben vom Österr. Statistischen Zentralamt.

Abb. 13: Grundbesitzverhältnisse

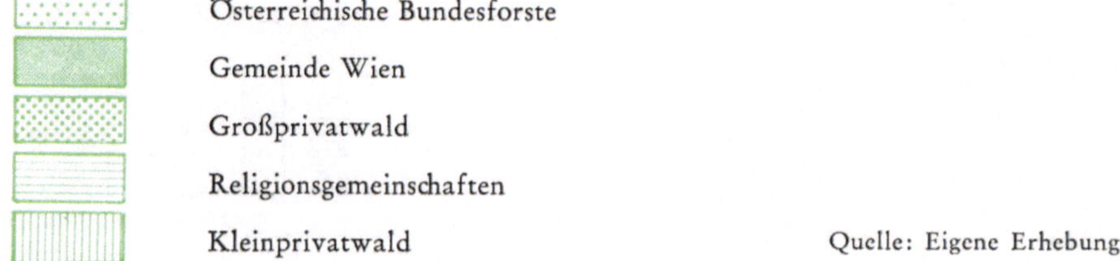

Quelle: Eigene Erhebung.

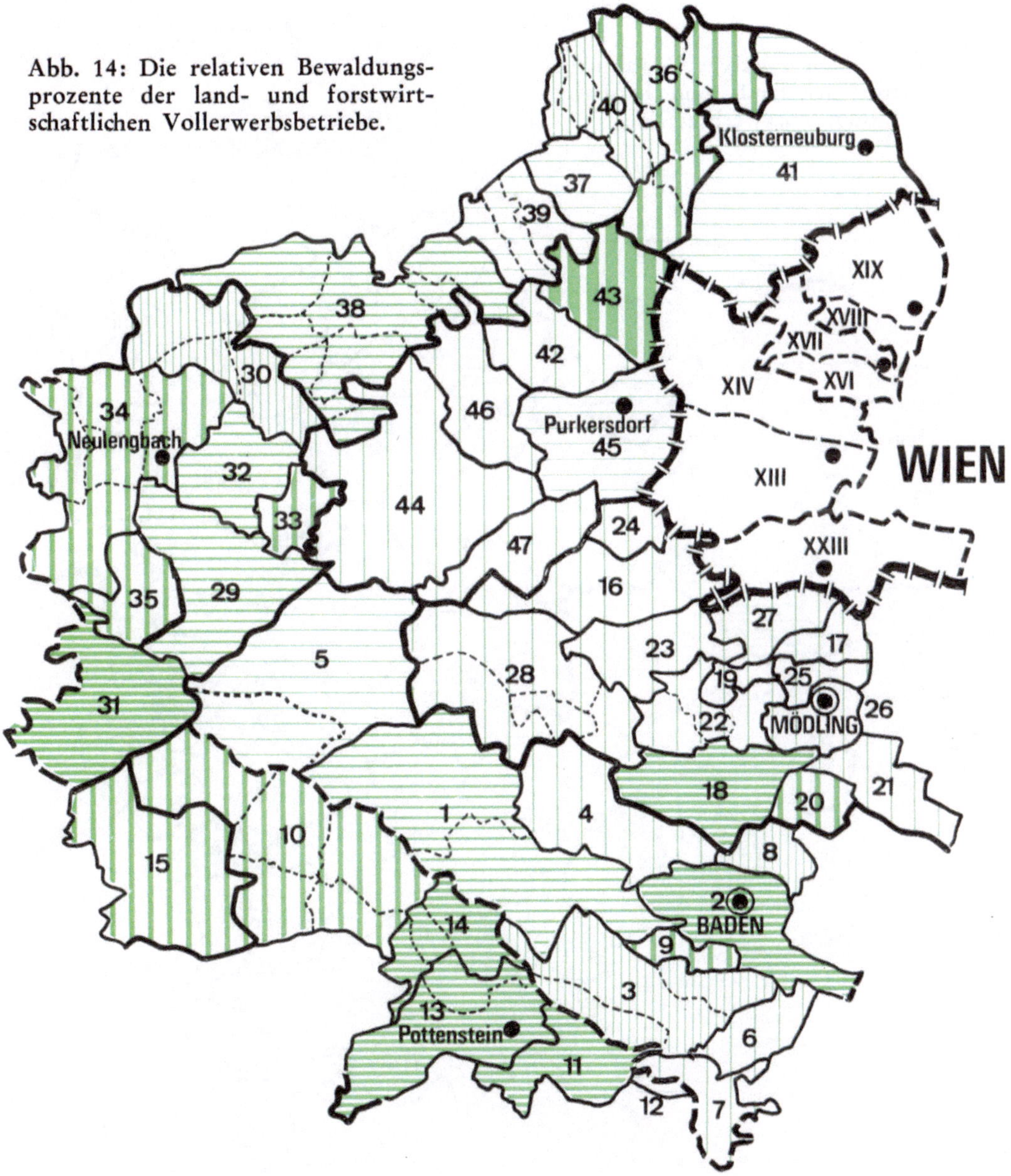

Abb. 14: Die relativen Bewaldungsprozente der land- und forstwirtschaftlichen Vollerwerbsbetriebe.

Anteil des Waldes an der land- und forstwirtschaftlichen Nutzfläche

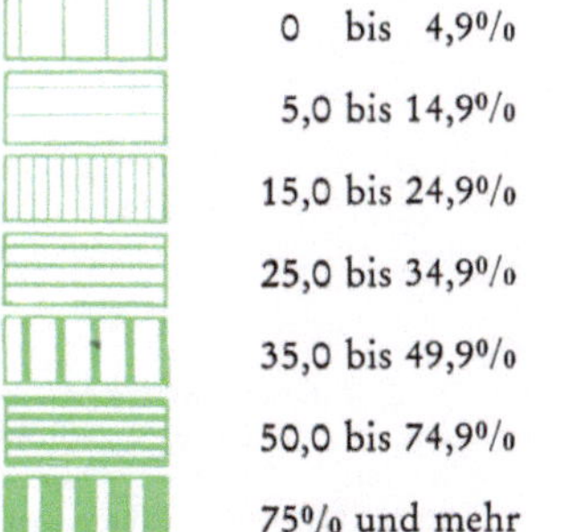

Quelle: Land- und forstwirtschaftliche Betriebszählung vom 1. Juni 1970, Landeshefte Wien und Niederösterreich, herausgegeben vom Österr. Statistischen Zentralamt.

Abb. 15: Die relativen Bewaldungsprozente der land- und forstwirtschaftlichen Zuerwerbsbetriebe

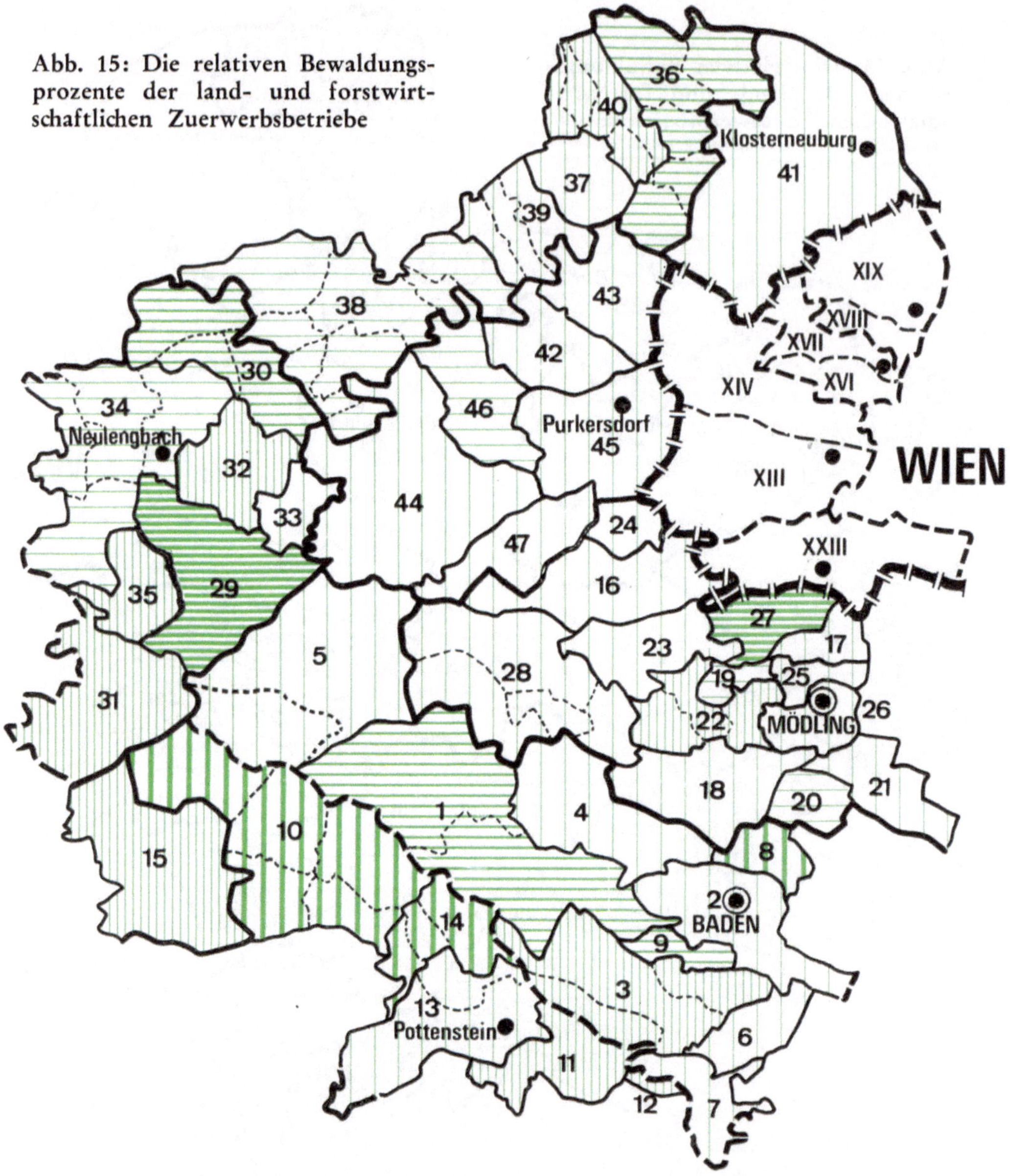

Anteil des Waldes an der land- und forstwirtschaftlichen Nutzfläche

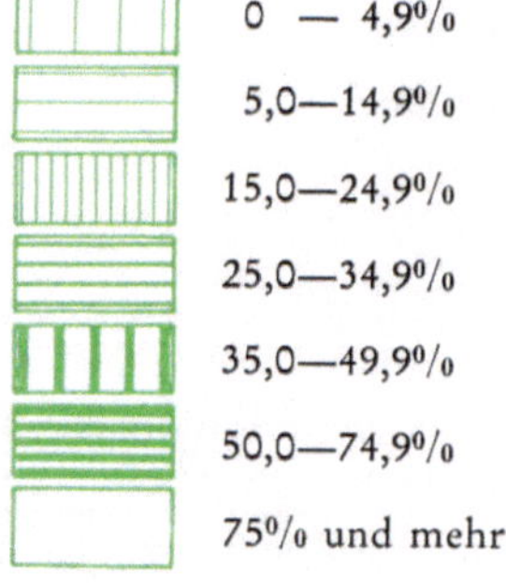

0 — 4,9%

5,0—14,9%

15,0—24,9%

25,0—34,9%

35,0—49,9%

50,0—74,9%

75% und mehr

Quelle: Land- und forstwirtschaftliche Betriebszählung vom 1. Juni 1970, Landeshefte Wien und Niederösterreich, herausgegeben vom Österr. Statistischen Zentralamt.

Abb. 16: Die relativen Bewaldungsprozente der land- und forstwirtschaftlichen Nebenerwerbsbetriebe

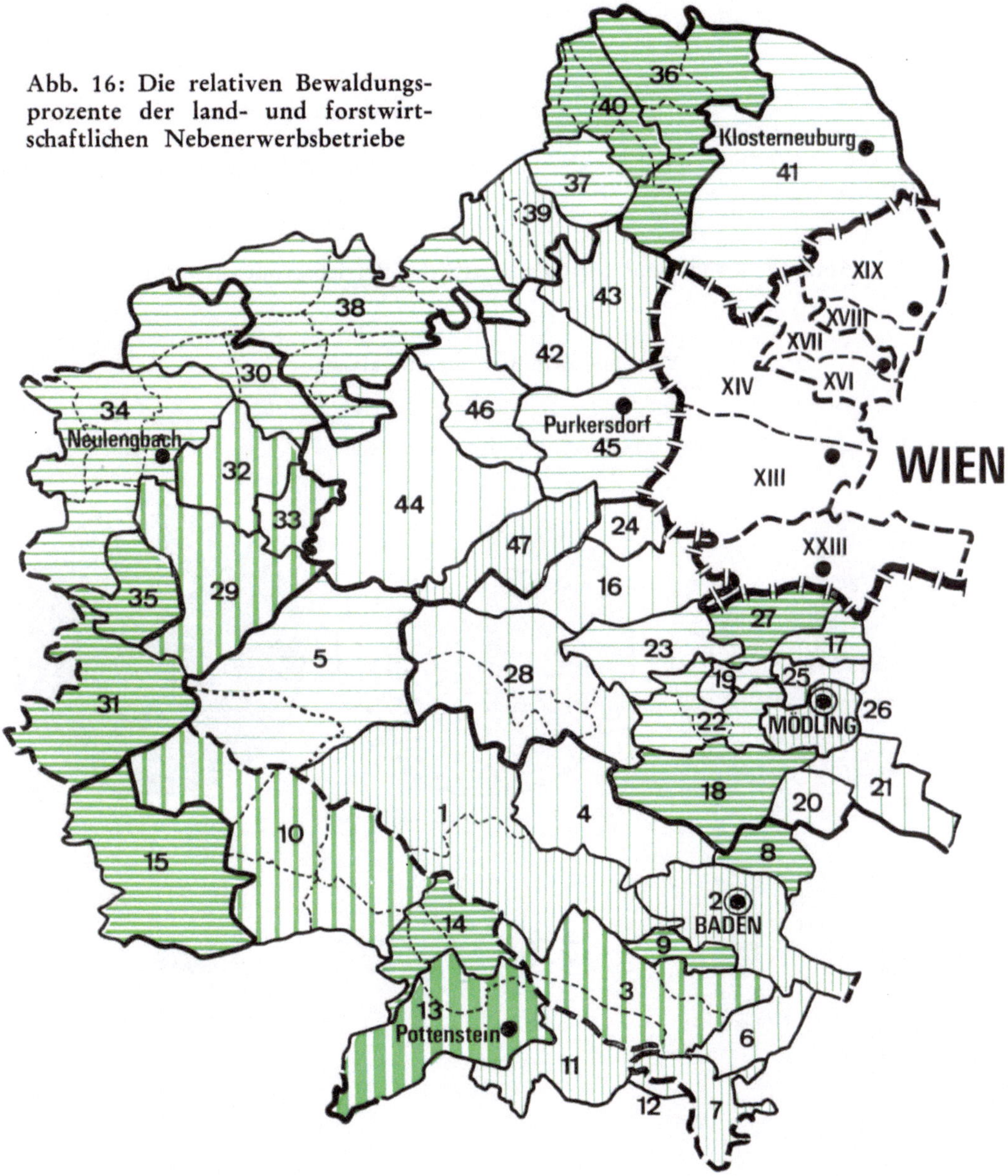

Anteil des Waldes an der land- und forstwirtschaftlichen Nutzfläche

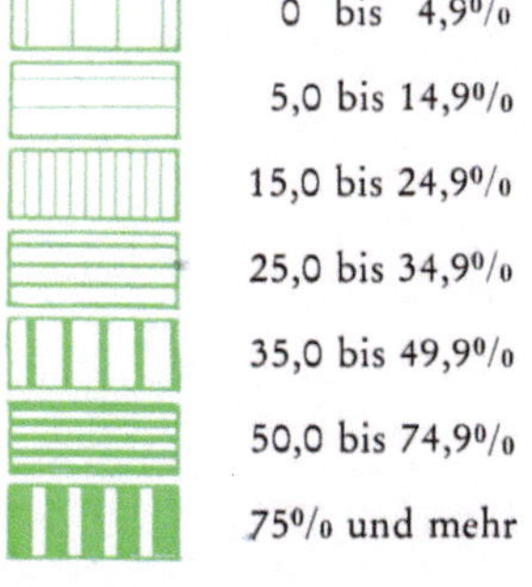

Quelle: Land- und forstwirtschaftliche Betriebszählung vom 1. Juni 1970, Landeshefte Wien und Niederösterreich, herausgegeben vom Österr. Statistischen Zentralamt.

Abb. 17: Land- und forstwirtschaftliche Betriebsgrößenstruktur

Verteilung nach Betriebsgrößenklassen

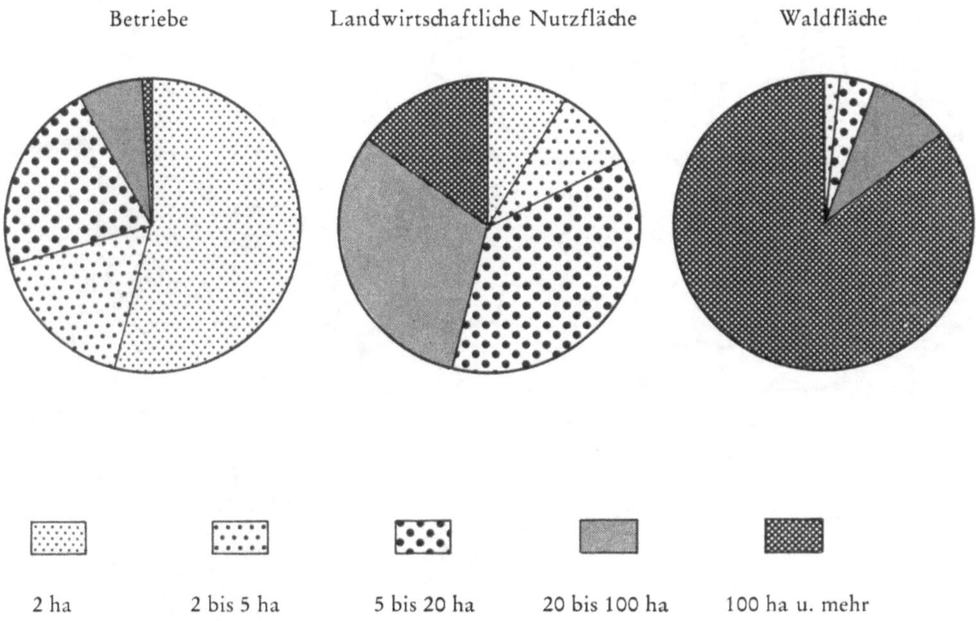

Quelle: Land- und forstwirtschaftliche Betriebszählungen vom 1. Juni 1960 und 1970, Landeshefte Wien und Niederösterreich, herausgegeben vom Österr. Statistischen Zentralamt.

Daraus ist ersichtlich, daß der Laubholzanteil für das Gebiet der Österreichischen Bundesforste gegenwärtig 73% beträgt und damit höher ist als in den Jahren zuvor. Der Buchenanteil ist im Vergleichszeitraum (1857—1969) eindeutig gestiegen, der Anteil der Eiche ist fast gleichgeblieben. Auffallend stark zurückgegangen ist der Anteil der Tanne, der heute nur mehr rund ein Fünftel des Wertes von 1857 beträgt. Die Fichte ist 1857 flächenmäßig noch nicht ausgewiesen. 1878 scheint sie mit 1% auf und steht seit rund 40 Jahren bei etwa 10% der Flächenanteile. Lärche und Kiefer haben zusammen einen Wert von 11% erreicht. Trotz der Zunahme von Fichte, Lärche und Kiefer ist der Nadelholzanteil im Wienerwald seit 1857 gesunken, was auf die starken Ausfälle bei der Tanne zurückzuführen ist.

Es ist also festzuhalten, daß seit der Mitte des vorigen Jahrhunderts die Laubholzfläche um rund 1.500 ha zugenommen und die Nadelholzfläche im gleichen Ausmaß abgenommen hat; bezogen auf die Erhebungen von 1932 bis 1968 hat die Laubholzfläche sogar um rund 2.700 ha zugenommen, was einer Anteilsvermehrung von rund 9% entspricht.

Diese Tatsache zeigt deutlich, daß Befürchtungen über eine im Gang befindliche Verminderung bzw. Ausrottung des Laubholzes im Wienerwald jeder sachlichen Grundlage entbehren.

Die Aufgliederung der Baumartenanteile auf die einzelnen Altersklassen gibt einen weiteren Hinweis auf den Entwicklungsgang. Die Buche zeigt relativ ausgeglichene Anteile in allen Altersklassen, nimmt aber gegenüber einem Gesamtflächenanteil von 58% in der I. Altersklasse sogar 64% ein, was auf eine gegenwärtige Zunahme, nicht auf eine Abnahme ihres Anteils, schließen läßt. Das Minimum in der III. Altersklasse fällt mit dem Maximum des Fichtenanteils zusammen und dürfte wohl auf die wirtschaftlichen Maßnahmen etwa zur Zeit um und nach dem 1. Weltkrieg zurückzuführen sein. Die Eiche weist Maxima ihrer Anteile in der III. und in der VII./VIII. Altersklasse auf. Von der heutigen I. Altersklasse nimmt die Eiche nur 2% ein, gegenüber 9% in der VII./VIII. Altersklasse. Es ist also der Eichenanteil in der VII./VIII. Altersklasse rund doppelt so groß, in der I. Altersklasse dagegen nur etwa halb so groß als der Gesamtanteil der Eiche, was erkennen läßt, daß die Verjüngung dieser Baumart eindeutig ins Hintertreffen geraten ist. Die Fichte zeigt ein ganz markantes Maximum in der III. und IV. Altersklasse. Gegenwärtig liegt ihr Anteil an der I. und II. Altersklasse bei 9% bzw. 8% gegenüber einem Gesamtanteil von 10%, was eine starke Zurückhaltung im Fichtenanbau während der letzten 40 Jahre widerspiegelt. Die Tanne zeigt eindeutig ihr Maximum in der V. und VI. Altersklasse. Der Abfall gegen die VII. und VIII. Altersklasse dürfte durch ihr im Bereich des Wienerwaldes frühes, altersbedingtes Ausscheiden zu erklären sein. Das Minimum in der III. Altersklasse fällt mit den bei der Fichte genannten Ereignissen zusammen. Bemerkenswert ist, daß trotz der intensiven Bemühungen um die Tanne seit den Dreißigerjahren ihr Anteil an der I. und II. Altersklasse den perzentuellen Gesamtanteil der Tanne nicht erreichen konnte und sie damit weiterhin im Rückgang ist.

Aus historischer Schau ist zu ergänzen, daß der Wienerwald in den früheren Jahrhunderten der Brennholzversorgung der Stadt Wien diente und deshalb die Buche als wertvoller Brennholzlieferant seinerzeit beim Waldaufbau sehr bevorzugt wurde. Schon 1887 hat der österreichische Oberforstrat Freiherr von Berg auf einem Forstkongreß in Wien das Ende des Buchenzeitalters wegen Rückgangs des Brennholzbedarfes angekündigt, Abkehr vom Schirmschlag gefordert, einer Waldbaumethode, die die Buche besonders begünstigt. Der hohe Buchenanteil und viele reine Buchenbestände im Wienerwald sind daher nicht allein naturbedingt, sondern die Folge wirtschaftlich orientierter menschlicher Eingriffe.

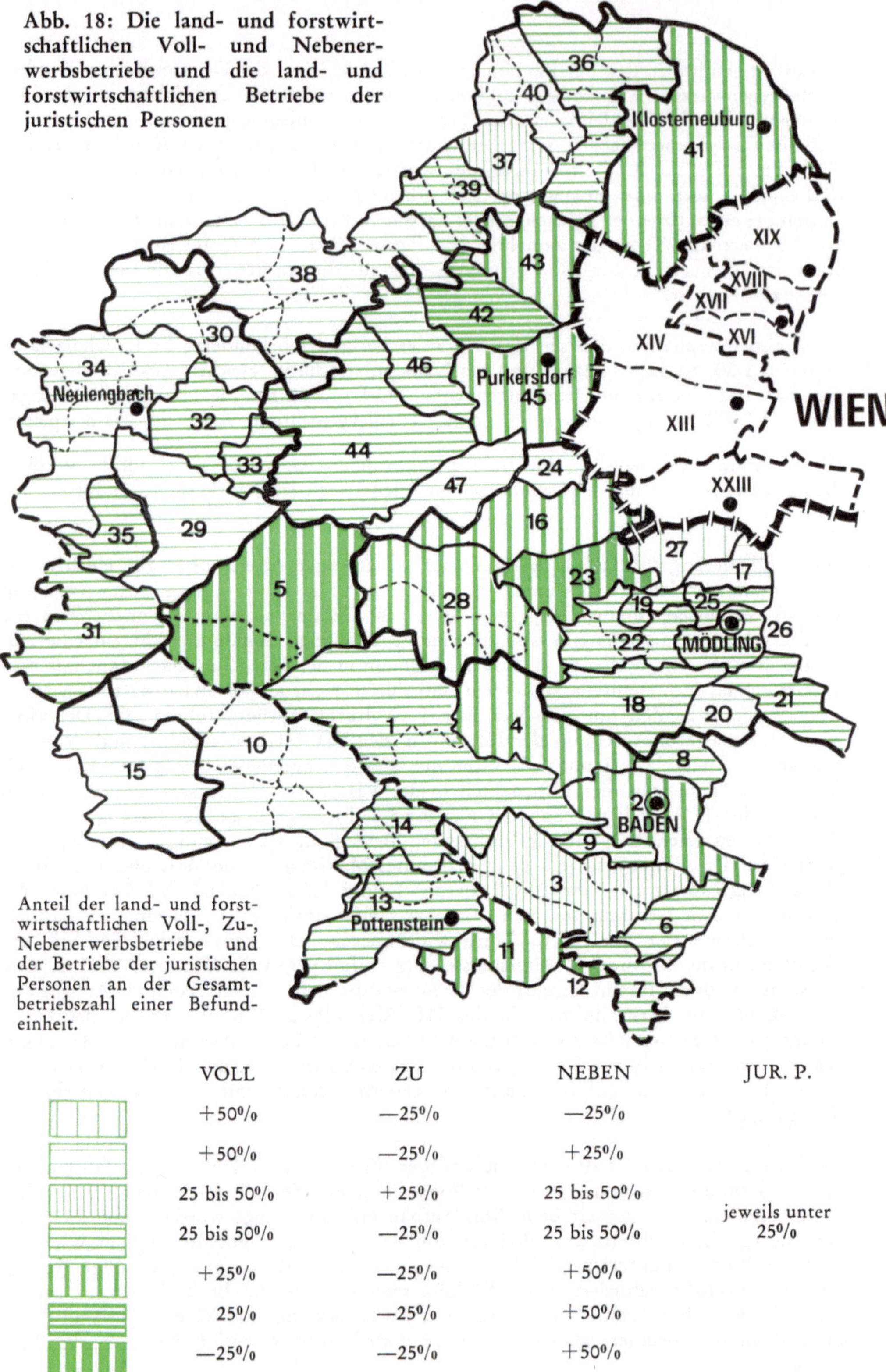

Abb. 18: Die land- und forstwirtschaftlichen Voll- und Nebenerwerbsbetriebe und die land- und forstwirtschaftlichen Betriebe der juristischen Personen

Anteil der land- und forstwirtschaftlichen Voll-, Zu-, Nebenerwerbsbetriebe und der Betriebe der juristischen Personen an der Gesamtbetriebszahl einer Befundeinheit.

	VOLL	ZU	NEBEN	JUR. P.
	+50%	—25%	—25%	
	+50%	—25%	+25%	
	25 bis 50%	+25%	25 bis 50%	
	25 bis 50%	—25%	25 bis 50%	jeweils unter 25%
	+25%	—25%	+50%	
	25%	—25%	+50%	
	—25%	—25%	+50%	

Quelle: Land- und forstwirtschaftliche Betriebszählung vom 1. Juni 1970, Landesheft Niederösterreich, herausgegeben vom Österr. Statistischen Zentralamt.

Rotbuche (fagus silvatica)

Sie verträgt als spätfrostempfindliche Schattbaumart keinen so starken und langen Lichtentzug wie die Tanne. Sie liebt Luftfeuchtigkeit und gleichbleibende Bodenfrische, meidet aber staunasse und regelmäßig überflutete Standorte. Dürre- und hitzeempfindlich. Bestleistungen sind im zusagenden Klima auf mineralisch kräftigen, frischen, lockeren, kalkhaltigen Böden zu erwarten.

Da sich die Buche frühzeitig stufig stellt, beeinflußt sie das Bestandesklima sehr günstig. Ihre Streu zersetzt sich zwar langsamer als das abgefallene Laub anderer Arten, aber immer noch besser als Nadelstreu. Mit ihrem intensiven Herzwurzelsystem ist die Buche gut im Boden verankert.

Sie ist der herrschende Baum des Wienerwaldes. In der Gesamtmassenleistung bleibt die Buche weit hinter Fichte und Tanne zurück. Noch schwerwiegender ist die geringe Nutzholzausbeute.

Buche Durchmesser 30 cm	78% Nutzholz	22% Brennholz
Fichte Durchmesser 30 cm	95% Nutzholz	5% Brennholz

Auch im Preisvergleich schneidet die Buche durchschnittlich um 150 bis 200 S/fm geringer ab als entsprechende Nadelholzsortimente.

Eiche

Die *Traubeneiche (Quercus petraea)* weist ein hohes Wärmebedürfnis auf, zählt zu den etwas spätfrostempfindlichen Lichtbaumarten und wird unter kurzfristigem Schirm oder auf Freiflächen verjüngt.

Die Traubeneiche gedeiht in mäßig frischen, basenärmeren, sauren Böden und besiedelt unter zusagendem Klima auch mäßig trockene Standorte. Sie findet sich häufig mit Buche gemischt. Viele Bestände sind aus Stockausschlägen entstanden.

Feste Verankerung im Boden ist kennzeichnend. Ihre Streu zersetzt sich ziemlich gut. Die anfänglich gut ausgebildete Pfahlwurzel wird später durch ein Herzwurzelsystem abgelöst. Sie vermag dadurch in dicht gelagerte Böden tief und rasch einzudringen.

In lockerer Stellung wird die Eiche sperrig und protzig, bildet Stockausschlag und Wasserreiser. Der Wachstumsgang ist relativ langsam, sie wird daher bedeutend später hiebsreif (150- bis 200jähriger Umtrieb) als andere Baumarten und vermag, bei besonderer waldbaulicher Behandlung, als Wertholz hohe Erträge zu liefern.

Die *Stieleiche (Quercus robur)* hat höhere Feuchtigkeitsansprüche als die Traubeneiche, bevorzugt nährstoffreiche Auen, tiefgründige frische Lehmböden. Sie kommt im Untersuchungsgebiet selten vor und ist nur in Tallagen oder auf bodenfeuchten Unterhängen zu finden.

Die *Zerreiche (Quercus cerris)* ist am häufigsten in warmen Tieflagen und auf warmen Hängen zu finden. Sie bevorzugt nährstoffreiche Böden und vermag im Gegensatz zur Traubeneiche auf Blößen aus Sämlingen heranzuwachsen, wodurch sie sich leichter ausbreiten kann. Durch die Bewirtschaftung wurde die Zerreiche im Wienerwald sehr gefördert. Einerseits wurde sie als Wildfutter wegen ihrer alljährlichen Sprengmasten forciert, andererseits blieb sie als unbrauchbare Baumart übrig und konnte sich so ausbreiten.

Fichte

Die Fichte verjüngt sich natürlich unter Schirm, ist aber für einen baldigen Übergang zum Freistand dankbar. Bei lang anhaltender Beschattung im Dichtstand verhockt der Jungwuchs häufig, und kann sich kaum mehr erholen. Sie ist unempfindlich gegen Winterfrost; früh austreibende Jungfichten können von Maifrösten geschädigt werden. Hoher

Bedarf an Boden und Luftempfindlichkeit. Optimale Wachstumsbedingungen findet die Fichte auf mittelkräftigen Standorten mit gutem Nährstoffumlauf.

Im reinen Fi-Bestand stammt die Hauptmasse der Streufälle von den Bäumen und nicht von günstiger Begleitflora. Fichtenstreu zersetzt sich langsam. Rohhumusbildung gehört zur Regel. Fichtenwurzeln benötigen sauerstoffhaltige Bodenluft, die Fichte gehört daher nicht zu den Bodenerschließern. Sturmgefährdet.

Wegen guter Kulturerfolge, hoher Massenleistung und vielseitiger Verwendbarkeit wurde die Fichte weit über ihr natürliches Verbreitungsgebiet hin angebaut. Sie ist geradstufig, vollholzig und liefert bald Nutzholzsortimente. Gegenüber der Buche z. B. erzeugt sie auf vergleichbarem Standort nahezu die doppelte Holzmasse.

Tanne (abies alba)

Schattenfeste Baumart, die jahrzehntelangen Schirmdruck verträgt. Wo Wassermangel herrscht, oder sonstige Ansprüche unzureichend erfüllt sind, ist der Lichtbedarf von Jugend an größer. Sie stellt höhere Wärmeansprüche als Kiefer und Fichte und ist in der Jugend spätfrostempfindlich. Sie gedeiht am besten auf frischen bis frisch feuchten, humusreichen und lehmhaltigen Böden.

Im Vergleich mit allen anderen einheimischen Nadelholzarten zersetzen sich die Nadeln am besten. Mit ihrem vertikalen Wurzelwachstum erschließt sie die Waldböden am tiefsten. Der Sauerstoffanspruch der Wurzeln ist gering.

Die Tanne bedarf als leistungsstarke und bodenpfleglichste unter den einheimischen Nadelbaumarten der Förderung. Die Nachzucht kann jedoch nur gelingen, wenn für sie günstige Lebensbedingungen (Ausschaltung des Wildes, Vorbau unter Schirm etc.) geschaffen werden.

Für das Aussterben der Tanne im östlichen Wienerwald wird neben dem kritischen Grenzklima weitgehend das Rehwild verantwortlich gemacht.

Im zentralen Wienerwald, vor allem im Kalkwienerwald, wo ein unmittelbarer Anschluß an die Hochgebirgszüge der niederösterreichischen Kalkalpen besteht, ist das Relief stärker ausgeprägt, weshalb die Tanne in diesem Gebiet infolge eines niederschlagsreicheren Gebirgsklimas weiter nach Osten reicht.

Kiefer (pinus silvestrus)

Sie ist gegen Hitze wenig empfindlich und benötigt keinen Frostschutz. Sie stellt jedoch während des ganzen Bestandeslebens hohen Lichtanspruch und kommt mit relativ wenig Bodenfeuchtigkeit aus. Als anpassungsfähige Baumart gedeiht sie sowohl auf versauerten basenarmen, wie auf trockenen karbonatreichen Böden.

Kiefernbestände tragen wenig zum Bodenschutz bei, ihre Streuabfälle sind schwer zersetzlich. Die in der Jugend vorherrschende Pfahlwurzel erhält sich nur in tiefgründigen und lockeren Böden; sie ist in verdichteten Böden mittelmäßig, sonst gut verankert.

Die Kiefer wird zumeist auf unbeschatteten Flächen künstlich verjüngt und in vollem Licht erzogen. Sie wächst in der Jugend rasch, neigt jedoch zu sperrigem Wuchs und zur Protzenbildung, sie muß daher möglichst dicht und gleichmäßig aufwachsen.

Schwarzkiefer (pinus nigra)

Die Schwarzkiefer liebt Wärme und verträgt längere Bodentrockenheit. Sie ist nicht frostempfindlich und stellt geringere Nährstoffansprüche. Sie schützt den Boden besser und liefert auf vergleichbaren Standorten leichter zersetzliche Streu als die gemeine Kiefer. Als Pionier vermag die Schwarzkiefer mit ihrem intensiven Senkwurzelsystem Kalködland und verdichtete Böden gut zu erschließen.

Abb. 19: Die Abnahme der Gesamtzahl der land- und forstwirtschaftl. Betriebe im Zeitraum 1951 bis 1970

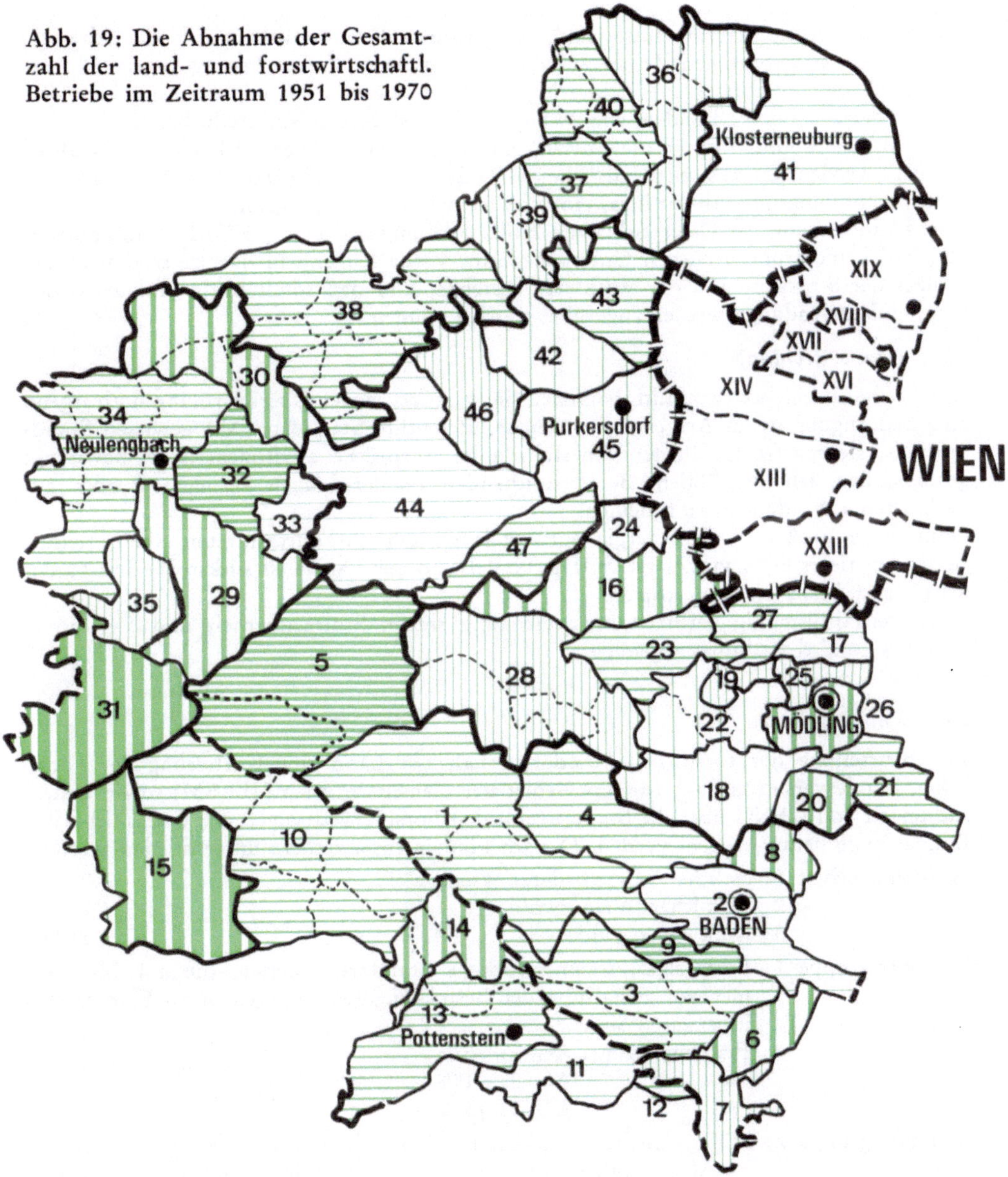

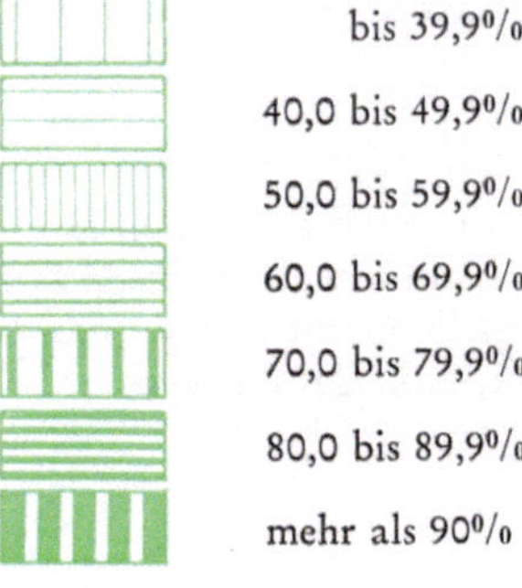

Quelle: Land- und forstwirtschaftliche Betriebszählung vom 1. Juni 1951 und 1. Juni 1970, Landeshefte Wien und Niederösterreich, herausgegeben vom Österr. Statistischen Zentralamt.

Wegen des reichen Harzausflusses nach Anschneiden ihrer Stämme wurde die Schwarzkiefer schon seit geraumen Zeiten zur Gewinnung ihres Harzes herangezogen. Die ursprünglich dabei angewendeten Harzungsverfahren waren aber mit einer starken Verletzung der Stämme verbunden, was zwangsläufig das Holz in Mißkredit brachte.
Diese Mängel konnten durch die Entwicklung neuer und schonender Harzungsverfahren beseitigt werden. Da aus wirtschaftlichen Gründen die Harzung immer mehr zurückgeht, tritt die Nutzungsmöglichkeit ihres Holzes wieder in den Vordergrund.
Eine Untersuchung des Österreichischen Holzforschungsinstitutes (1970) konnte nachweisen, daß keine grundsätzlichen Unterschiede im Verhalten und in den Eigenschaften des Holzes der Schwarz- und der Rotkiefer bestehen, und daß somit beide Holzarten den gleichen Verwendungszwecken zugeführt werden können.

Lärche (larix decidua)

Die Lärche ist eine extreme Lichtbaumart. Sie verträgt weder Überschirmung noch irgend eine Bedrängung durch Artgenossen. Meidet luftfeuchte Standorte. Auf gewissen Standorten ist sie spätfrostgefährdet. Sie stellt hohe Ansprüche an Bodenfrische, bevorzugt geschmeidige, lehmige Böden. Bei ausreichenden Niederschlägen vermag sie noch auf zerklüfteten Waldböden zu gedeihen.
Dank ihrer großen Wurzelenergie entwickelt sie auf gut durchlüfteten, skelettreichen Böden ein tiefes Herzwurzelsystem. Die Nadelstreu der Lärche ist stickstoff- und basenarm, jedoch besser als Kiefernstreu.
Ihrer verhältnismäßig geringen Massenleistung stehen Sturmsicherheit und Verschönerung des Landschaftsbildes gegenüber.

2.6 *Waldstandorte*

Zur Beurteilung der forstlichen Standortverhältnisse kann eine Kartierung der Forstlichen Bundesversuchsanstalt für das Gebiet der Gemeinde Wien (JELEM) sowie Untersuchungen von LANG über die Standorte in den Forstverwaltungen der Österreichischen Bundesforste herangezogen werden. Danach können insbesondere unterschieden werden:

Aufnahmegebiet 1: östlicher bzw. vorderer Wienerwald . . . . 16.000 ha
2: westlicher Wienerwald . . . . 4.150 ha
3: Kalkwienerwald . . . . 2.110 ha

Standortsgruppe 1: Ertragslose, sommertrockene Standortseinheiten, die nur Maßnahmen zur Erhaltung der Bestockung rechtfertigen. Kein Ertragswald im engeren Sinn.
Flächenprozent: AG 1: 5%
AG 2: 1%
AG 3: 15%

Standortsgruppe 2: Mäßig frische Standortseinheiten mit starkem Traubeneichenanteil im AG 1, bodensaure Eichen-Buchen-Standorte im AG 2 und mäßig frische karbonatreiche Standorte im AG 3; Leistungsfähigkeit mäßig.
Flächenprozent: AG 1: 20%
AG 2: 10%
AG 3: 30%

Standortsgruppe 3: frische, feinerdenreiche Standorte, sehr leistungsfähige Buchenstandorte, gut geeignet für wertschaffende Baumarten, insbesondere Nadelholz (Fi/Lä/Ta). Gute Leistungsfähigkeit machen diese Standortsgruppe zu einem ertragsmäßigen Schwerpunkt des Gebietes.
Flächenprozent: AG 1: 55%
AG 2: 60%
AG 3: 38%

Abb. 20: Die Veränderung des Anteils der land- und forstwirtschaftl. Nutzfläche an der Gesamtfläche von 1960 bis 1971

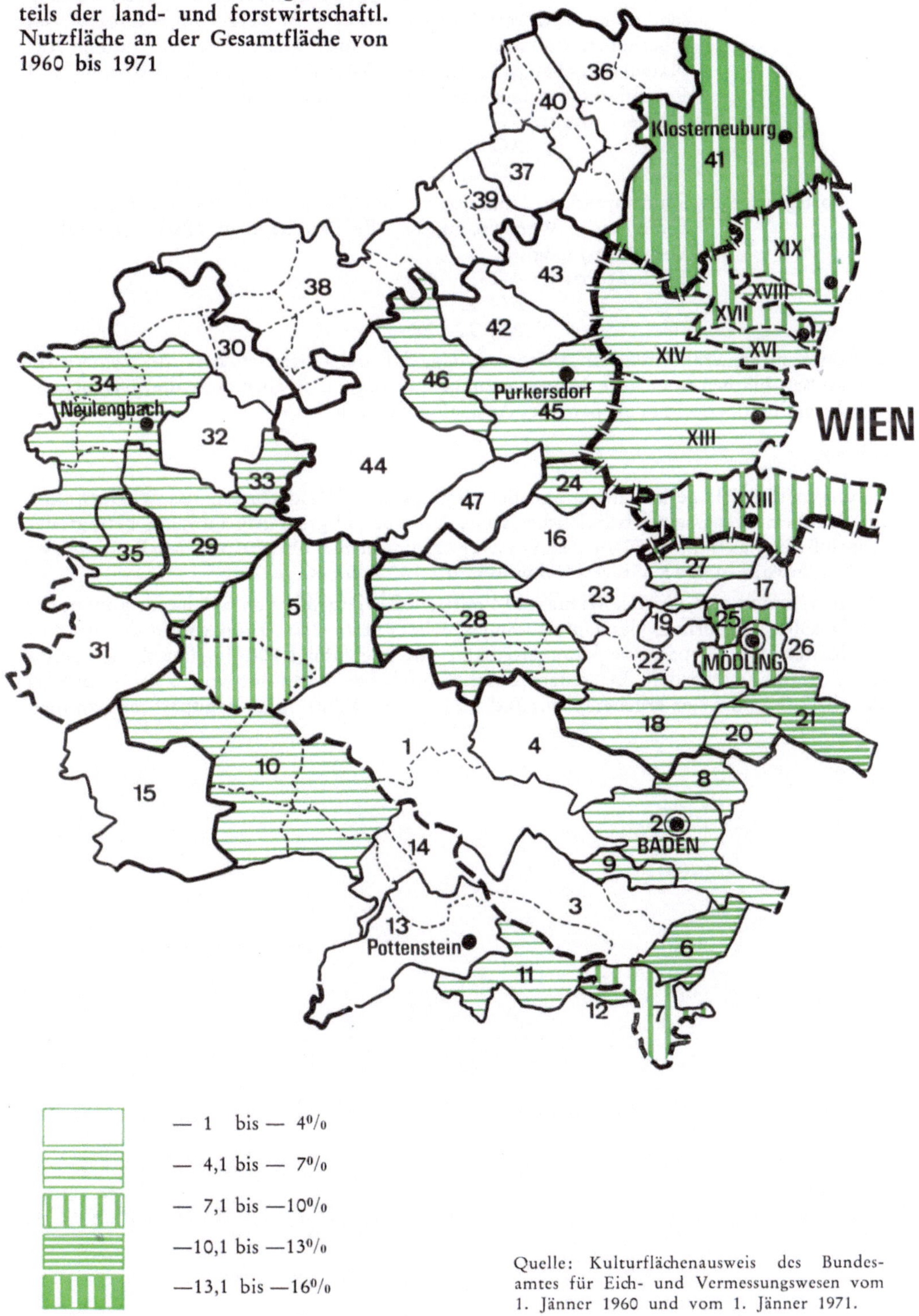

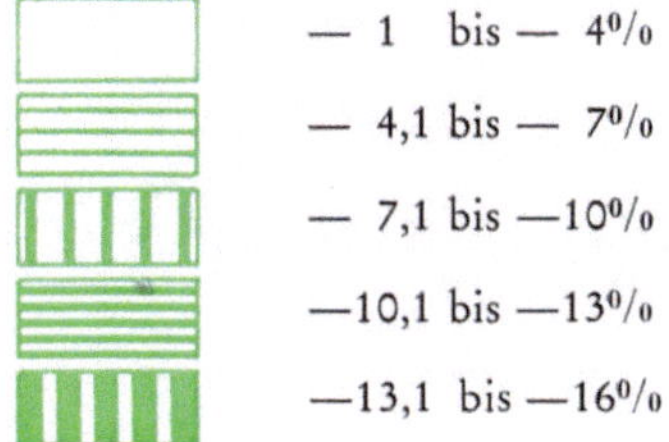

Quelle: Kulturflächenausweis des Bundesamtes für Eich- und Vermessungswesen vom 1. Jänner 1960 und vom 1. Jänner 1971.

Standortsgruppe 4: sehr frische, bis feuchte Standorte (Pseudogleyböden), die im AG 2 sehr tannenreich sein können. AG 3 weist tiefgründige tonreiche im Oberboden kalkarme Standorte auf. Meist gute Möglichkeit für Nadelholzanbau. Günstigstes Verhältnis zwischen Aufwand und Ertrag. Hauptgebiet waldbauliche Investitionen.
Flächenprozent: AG 1: 17%
AG 2: 26%
AG 3: 15%

Standortsgruppe 5: Sonderstandorte, Bachrand- und Naßgallenstandorte. Erlen- und Eschenreich, Wertleistung bei Edellaubbäumen (Esche, Bergulme, Bergahorn) möglich.
Flächenprozent: AG 1: 3%
AG 2: 3%
AG 3: 2%

Daraus kann generalisierend abgeleitet werden, daß die Forstwirtschaft im Wienerwald auf großen Flächen über gute Voraussetzungen verfügt, daß aber auch die investitionswürdigen Standorte ein nennenswertes Ausmaß aufweisen.

2.7 *Jagd*

Naturgemäß spielt gerade in den großen geschlossenen Waldgebieten des Wienerwaldes die Jagd eine gewisse wirtschaftliche Rolle. Laut bewilligtem Abschußplan beträgt der Abschuß für das Jahr 1970 in den Forstverwaltungen der Österreichischen Bundesforste im Wienerwald rund 150 Stück Hochwild und 1.100 Stück Rehwild.

Unterstellt man eine für den Wienerwald mittlere Reviergröße von 500 ha, so kommt die Jagdausübung innerhalb des Untersuchungsgebietes etwa 250 Jagdpächtern zugute. Mit Jagdgästen und Mitpächtern kann insgesamt mit ungefähr 1.200 Jagdausübungsberechtigten gerechnet werden. Bei einem durchschnittlichen Pachtzins von S 40,— pro ha für ein Rehwildrevier ergeben sich rund 5 Millionen Schilling an Jagdpachteinnahmen.

3 Untersuchungen

3.1 *Forstbetriebswirtschaftliche Situation*

Um die forstbetriebswirtschaftliche Situation im Wienerwald beurteilen zu können, ist ein Einblick in das Ertrag-Kosten-Verhältnis notwendig, weil alle betriebswirtschaftlichen Notwendigkeiten und Möglichkeiten von der finanziellen Situation des Betriebes entscheidend beeinflußt werden. Hiezu wurden Untersuchungen in den Forstverwaltungen Alland und Neuwaldegg der Österreichischen Bundesforste durchgeführt, wobei das Nachkalkulationssystem Anwendung fand, das in einer großen Zahl von österreichischen Privatforstbetrieben zur Beschaffung der Unterlagen für eine gesamtösterreichische forstliche Ertragsanalyse herangezogen wird. Entsprechend den schon geschilderten Verhältnissen im Wienerwald handelt es sich hiebei um überwiegend mit Laubholz ausgestattete Forstbetriebe, wobei der Brennholzanteil bei der Verwertung des Holzes entsprechend hoch ist (in Alland 32%, in Neuwaldegg 77% des Laubnutzholzes). Stellt man die dabei gewonnenen Ziffern des Wirtschaftsjahres 1969 den Ergebnissen der Untersuchungen für das zutreffende Vergleichsgebiet „Alpenvorland" oder für Gesamtösterreich gegenüber, wie sie aus der erwähnten gesamtösterreichischen Nachkalkulation herausgelesen werden können, so zeigt sich deutlich, um wievieles die wirtschaftlichen Verhältnisse der Wienerwaldforstwirtschaft schlechter sind als die der übrigen österreichischen Forstwirtschaft, insbesondere auch der Forstwirtschaft unter vergleichbaren Bedingungen, nämlich im Alpenvorland. Diese schlechte Situation rührt vor allem von dem wesentlich geringeren Holzertrag her, der eben durch den hohen Laubholz- bzw. Brennholzanteil gegeben ist. Aber auch die Kosten der Holzerzeugung sind geringer als in den zum Vergleich herangezogenen Bereichen. Das zeigt einerseits, daß die in den geländemäßig günstigen Lagen des Wienerwaldes möglichen Rationalisierungen bei der Holzerzeugung weitgehend ausgeschöpft worden sind. Es gibt andererseits aber auch einen Hinweis darauf, daß eben wegen schlechter Ertragslage offensichtlich wünschenswerte Investitionen im Waldaufbau unterlassen werden. Die im Verhältnis zu den Vergleichszahlen außerordentlich niedrigen Zahlen für den Waldbau, worin also z. B. die Kulturpflegemaßnahmen enthalten sind, geben darauf einen sehr deutlichen Hinweis.

Beide Testbetriebe — von denen der eine einen Erfolg von nur 19% der Betriebsergebnisse in einer vergleichbaren Region, der andere sogar einen erheblichen Verlust aufweist — erbringen den offenkundigen Nachweis dafür, daß die forstbetriebswirtschaftliche Situation im Wienerwald außerordentlich ungünstig ist und die Rentabilität der Holzerzeugung überhaupt in Frage gestellt erscheint. Dies muß ein Hinweis darauf sein, daß alle möglichen Maßnahmen eingeleitet werden sollen, die im betriebswirtschaftlichen Bereich eine Verbesserung dieser Situation und eine Stärkung der Wirtschaftskraft der Forstbetriebe im Wienerwald erwarten lassen.

Nachkalkulation
S je fm Hiebsatz

	Neuwaldegg	Alland	Alpenvorland	Österreich
Löhne	83	83	117	164
Gehälter	41	67	79	71
Holzernte	83	106	126	178
Waldbau	11	26	36	30
Bringung	6	35	26	42
Gebäude	12	11	14	26
Betr. Kosten	40	58	94	84
Verwaltung	41	53	68	60
Gesamtkosten der Holzerzeugung	193	289	363	420
Erträge	209	260	445	459
Erfolg	+16	—29	+82	+39

3.2 *Befragung der Forstdienststellen*

Um die Auswirkungen des Erholungsverkehrs auf die Forstbetriebe und die Waldflächen feststellen zu können, wurde eine Befragungsaktion bei allen im Wienerwald befindlichen forstlichen Dienststellen durchgeführt. Neben einer Reihe von sehr aussagefähigen örtlichen Hinweisen und räumlichen Festlegungen ergibt sich daraus insbesondere, daß

- zusätzliche Aufsichtsdienste durch das Revierpersonal, insbesondere zum Wochenende notwendig sind, vor allem auch um die sehr akute Waldbrandgefahr einzudämmen;
- Parkplätze geschaffen werden müßten, um den Erfordernissen der hauptsächlich motorisiert ankommenden Erholungssuchenden zu entsprechen und das Verstellen von Abfuhrwegen, Beschädigen von Straßengräben u. dgl. zu vermeiden;
- Hinweistafeln wünschenswert wären, um den Waldbesuchern ein bestimmtes Verhalten zu empfehlen, Gefährdungen des Waldes zu verhindern und bestimmte Wandergebiete zu erläutern;
- die Schuttablagerung sowie das Zurücklassen von Müll, Schmutz und Unrat im Wald ein immer größeres Ausmaß annimmt und daß seitens der für die Müllabfuhr verantwortlichen Gemeinden dagegen zu wenig getan wird;
- neben der Verschmutzung und der Gefährdung des Waldes durch Waldbrände auch die Kulturschäden immer wieder unangenehm in Erscheinung treten und daß es zur Eindämmung derartiger Beschädigungen vorteilhaft wäre, wenn den als Forstschutzorgan bestellten Forstbediensteten das Recht zur Erteilung von Strafmandaten eingeräumt würde;
- die Behinderung der Jagd in verschiedenen Gebieten offenkundig wird und finanzielle Einbußen (Beeinträchtigung des Jagdpachtschillings) zur Folge hat.

Hinsichtlich des Befahrens der Waldstraßen ergeben sich im Wienerwald deswegen weniger Schwierigkeiten, weil die meisten Waldstraßen so deutlich (zumindest durch Schranken) abgesperrt sind, daß ein Befahren durch Erholungssuchende sehr selten in Frage kommt. Wo dies trotzdem zutrifft, werden fallweise Anzeigen erstattet.

3.3 Verkehrszählung

Durch eine Verkehrszählung an einem Frühsommersonntag (14. Juni 1970) an Verkehrsknotenpunkten des Wienerwaldes (unter Ausschluß der mit starkem Durchzugsverkehr belasteten Verkehrsknotenpunkte) ergibt sich ein Einblick in die Ausflugsgewohnheiten und die Streuung des Ausflugsverkehrs der motorisierten Wiener Bevölkerung. Es zeigt sich, daß die Fahrten in den Wienerwald zwei deutliche Tagesspitzen, am Vormittag und am Nachmittag, aufweisen und daß sich der Hauptausflugsverkehr in einem Radius von ca. 20 km rund um Wien abspielt. Aus dem deutlichen Abfall der Verkehrsteilnehmer zwischen zwei hintereinanderliegenden Zählpunkten mit keinen größeren Abzweigungsmöglichkeiten läßt sich auch ableiten, daß ein großer Teil der Autofahrer tatsächlich die Landschaft durchwandert und nicht nur durchfährt. Mit einer durchschnittlichen Belagsquote von 2,8 Personen je Pkw muß man die Feststellung verknüpfen, daß der Anteil der mitreisenden Kinder bei den Wienerwaldausflügen nicht übermäßig groß ist. Dieser Wert zeigt eine auffallende Übereinstimmung mit Untersuchungsergebnissen aus der BRD. So findet BICHLMEIER für die stadtnahen Wälder Münchens einen Durchschnittswert um 2,9 Personen pro Auto. Zu einer ähnlichen Zahl kommt Albrecht (1967) bei Untersuchungen in Hamburg. Verschwindend gering ist der Anteil anderer als mit Pkw motorisierter Verkehrsteilnehmer.

Der hier verwendeten Verkehrszählung haftet natürlich der mathematische Mangel einer nur einmaligen Durchführung an. Trotzdem können daraus interessante Einblicke gewonnen werden, insbesondere deswegen, weil im allgemeinen die Ausflugssituation eines Frühsommersonntages — bei guter Witterung — als typisch für die Nutzung dieses Raumes angesehen werden kann. Im folgenden soll daher näher auf diese Erhebung eingegangen werden.

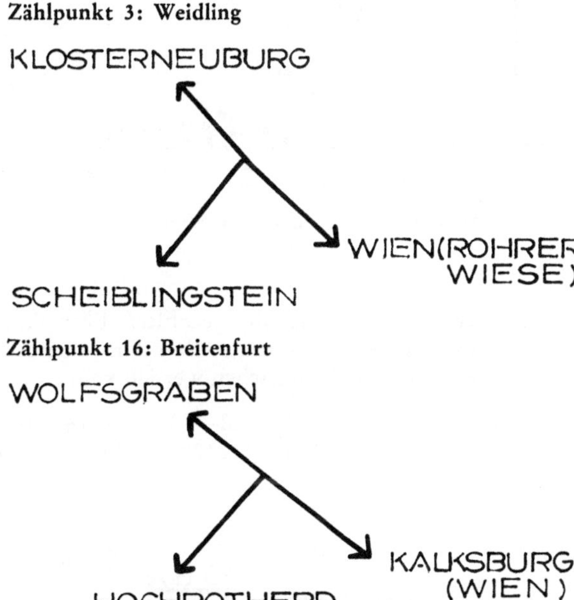

Auf 19 Zählpunkten innerhalb des Untersuchungsgebietes wurde unter dankenswerter Mitarbeit der Bundesförsterschule Gainfarn, unter ihrem Direktor Dipl.-Ing. Hruschka am Sonntag, dem 14. Juni 1970, eine Verkehrszählung durchgeführt.

Als Zählpunkte dienten Straßenkreuzungen und Einmündungen, die so ausgewählt wurden, daß der Großteil der für den Ausflugsverkehr wichtigen Nebenstraßen in die

Zählung miteinbezogen werden konnte. Von einer Zählung auf den Hauptdurchzugsstraßen wurde Abstand genommen, da es dort nicht möglich gewesen wäre, den Ausflugsverkehr vom Durchzugsverkehr zu trennen.

Um die zeitliche Verteilung des Verkehrs zu erfassen, mußte von den Zählorganen jede Stunde ein neues Zählformular begonnen werden. Als Zähldauer wurde die Zeit zwischen 9 und 15 Uhr bestimmt.

Es waren nur Pkw mit Wiener Kennzeichen zu zählen, um einen unerwünschten Einfluß des Lokalverkehrs möglichst auszuschalten.

Lediglich auf 2 ausgewählten Zählpunkten (Siehe die Skizzen auf Seite 45) waren zusätzlich noch die Insassen der Pkw und die übrigen ein- und mehrspurigen Fahrzeuge mit Wiener Kennzeichen zu zählen, um in einer Stichprobe auch diese Daten zu erfassen.

Insgesamt wurden auf allen Zählpunkten 17 944 Fahrzeuge erfaßt. Auf den 2 gesonderten Zählpunkten wurden bei 1902 Pkw, das sind 10,6% der gezählten Pkw, die Insassen aufgenommen. Dabei konnten bis zu 8 Personen pro Pkw festgestellt werden. Im Mittel befanden sich 2,8 Personen in einem Pkw.

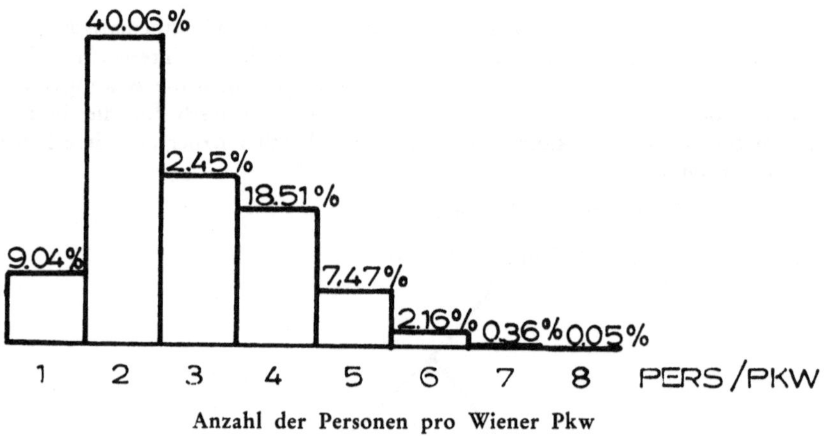

Anzahl der Personen pro Wiener Pkw

Die zeitliche Verteilung der für die Stichprobe gezählten Pkw läßt eine große Übereinstimmung mit der Grundgesamtheit erkennen, so daß daraus geschlossen werden kann, daß die Häufigkeitsverteilung als typisch angesehen werden kann.

Anzahl der	9—10	10—11	11—12	12—13	13—14	14—15	9—15 Uhr
Wiener Pkw:	2502	2962	2731	2425	3433	3888	17944

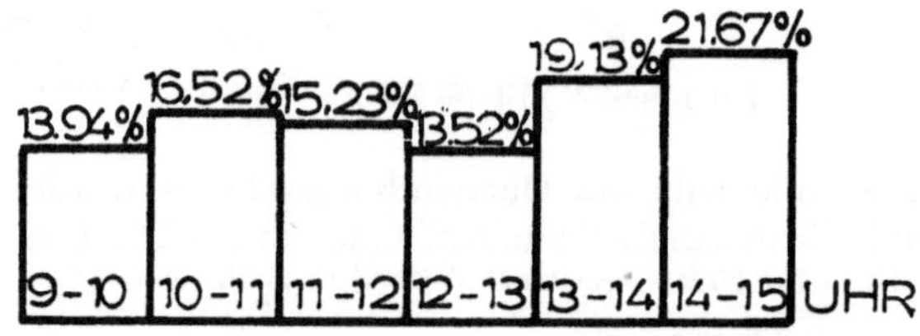

Die zeitliche Verteilung der auf allen 19 Punkten stundenweise gezählten Wiener Pkw

Auf den zwei erwähnten Sonderpunkten 3 und 16 wurden auch die übrigen Wiener Kfz gezählt. Dabei wurde zwischen einspurigen (Motorräder, Roller, Mopeds) und mehrspurigen (Busse usw. außer Pkw) unterschieden.

Punkt 3 und 16

Einspurige Wiener Kfz

Uhr	9—10	10—11	11—12	12—13	13—14	14—15	Σ
Anzahl	14	10	20	9	19	27	99

Mehrspurige Wiener Kfz

Uhr	9—10	10—11	11—12	12—13	13—14	14—15	Σ
Anzahl	8	10	6	4	8	7	43

Von den 2044 (100%) auf den Punkten 3 und 16 gezählten Wiener Kraftfahrzeugen waren 1902 (93%) Pkw, 99 (5%) einspurige und 43 (2% mehrspurige Kfz (ausgenommen Pkw). Diese prozentuelle Verteilung der verschiedenen Kraftfahrzeugarten auf den Punkten 3 und 16 wird sich von der aller 19 Zählpunkte kaum unterscheiden, so daß festgehalten werden kann, daß mehr als 90% aller motorisierten Wienerwaldbesucher im eigenen Pkw ihr Ausflugsgebiet aufsuchen.

3.4 Befragung der Gemeinden und Gastwirte

Um die lokalen Beurteilungsgesichtspunkte kennenzulernen, wurden Fragebogen an alle Gemeinden des Wienerwaldes ausgegeben. Aus den Ergebnissen dieser Fragebogenaktion lassen sich räumliche Schwerpunkte des Erholungsverkehrs im Walde abgrenzen; ebenso zeigt sich, daß in einer ganzen Reihe von Wienerwaldgemeinden nicht nur der Wiener Ausflugsverkehr von Bedeutung ist, sondern auch der etwas längerfristige Aufenthalt von Urlaubern. Gemessen an der Zahl der Fremdennächtigungen gilt dies insbesondere für die Gemeinden Alland, Brand-Laaben, Gablitz, Hinterbrühl, Neuhaus, Purkersdorf, Raisenmarkt und Sulz.

Nur von wenigen Gemeinden wurde die mangelnde Begehbarkeit des Waldes wegen Verboten seitens der Eigentümer beklagt. Auch haben nur wenige Gemeinden nennenswerte Vorhaben für die Ausgestaltung der Erholungslandschaft zur Kenntnis gebracht. Als eine der positiven Ausnahmen ist auf die Gemeinde Purkersdorf zu verweisen, die ein umfangreiches, zum Teil schon verwirklichtes Konzept zur Ausgestaltung des Gemeindegebietes für den Erholungs- und Ausflugsverkehr besitzt.

Aber fast alle Gemeinden wiesen darauf hin, daß die erholungssuchende Bevölkerung und andere Personen durch die Ablagerung von Müll und Unrat den Wald stark verschmutzen und daß entsprechende Einflußnahmen zur Änderung dieses Verhaltens dringend nötig wären.

Eine Fragebogenaktion bei den Gaststättenbetrieben des Wienerwaldes, die in Zusammenarbeit mit Herrn Dr. Dix der Sektion Fremdenverkehr der Handelskammer Niederösterreich durchgeführt wurde, hat keinen charakteristischen Einblick in die Verhältnisse gebracht, da nur ein Drittel der Fragebogen beantwortet wurde. Es läßt sich deshalb insbesondere hinsichtlich der räumlichen Verteilung des Ausflugsverkehrs keine Aussage machen. An allgemeinen Aussagen ist interessant, daß nach Schätzungen der Gastwirte 62% der Gaststättenbesucher mit Pkw ankamen, daß nur 14% der Besucher von Kindern begleitet waren und daß 45% der Besucher Spaziergänge in der unmittelbaren Umgebung der Gaststätte machten.

3.5 Verschiedene Untersuchungen und Überlegungen

Zur Klarstellung der gegebenen Situation im Wienerwald war aber auch ein Studium der Literatur und eine Auseinandersetzung mit aktuellen Einzelfragen erforderlich — dies umso mehr, als die forstliche Bewirtschaftung des Wienerwaldes Gegenstand zahlreicher Publikationen in der Tages- und Fachpresse der letzten Jahre war und daraus scheinbar ein Gegensatz zwischen forstbetrieblichen Zielsetzungen einerseits und den Notwendigkeiten der Erholungslandschaft und des Naturschutzes andererseits abgeleitet werden konnte.

Im Vordergrund diesbezüglicher Überlegungen steht die *Baumartenzusammensetzung* bzw. die Frage nach jenen Waldformen, die für die Erholung der Bevölkerung am wünschenswertesten erscheinen. Hiezu sind die Erkenntnisse einer konkreten Befragungsaktion im Wienerwald interessant, über die Mayer berichtet; danach wünschten sich 68% der Besucher für die Erholung im Wienerwald einen Mischwald, 26% der Besucher einen reinen Nadelwald und 6% der Besucher einen reinen Laubwald. Man mag dem Ergebnis solcher Befragungsaktionen vielleicht skeptisch gegenüberstehen, man mag vielleicht auch die Signifikanz der erhobenen Werte in Anbetracht der Befragungsmethode nicht besonders hoch bewerten wollen — man wird aber keinesfalls an der Tendenz vorbeigehen können, die aus den angeführten Prozentziffern ablesbar ist. Das Ergebnis dieser Befragung gewinnt zweifellos dadurch an Wert, daß Befragungsaktionen in ähnlichen Fragestellungen, die nach verschiedenen Methoden in der Deutschen Bundesrepublik durchgeführt worden sind, sehr ähnliche Ergebnisse brachten. Aus all diesen Erhebungen ist eindeutig erkennbar, daß der reine Buchenwald vom Besucher und Erholungssuchenden keinesfalls als erholungswirksames und landschaftsästhetisches Optimum angesehen wird, sondern daß es zumeist der Mischwald, häufig auch der Nadelwald ist, der eine besondere Anziehungskraft ausübt.

Waldbauliche Maßnahmen, die eine Beeinflussung der Baumartenzusammensetzung des Wienerwaldes zur Folge haben, werden demnach folgende Fakten zu berücksichtigen haben:

1. Das Gros der Wienerwaldbesucher vertritt in dieser Frage keinen Extremstandpunkt, sondern bevorzugt den Mischwald, also eine dem Inhalt nach außerordentlich variable Form des Waldaufbaues.
2. Die Wiener Bevölkerung kennt den Wald in der Regel nicht nur aus Wienerwaldbesuchen, sondern zu einem großen Teil auch aus Urlaubsaufenthalten in anderen österreichischen Landschaften, nicht zuletzt in den Berglandschaften des Alpengebietes. Aus dieser Kontaktnahme ist dem Wiener daher auch der Nadelwald vertraut und mit positiven Erlebniswerten verbunden. Es besteht vom Grundsätzlichen her keine negative Einstellung oder Ablehnung gegenüber den Nadelbäumen.
3. Die Beurteilung der Ästhetik einer Waldlandschaft — und nur darum handelt es sich hier, da andere meßbare Kriterien hinsichtlich des Erholungswertes der einzelnen Baumarten nicht bestehen — wird vorwiegend individuell geprägt und ist vom Erlebniswert der betreffenden Menschen, Bevölkerungsgruppen oder Generationen abhängig. Die Langfristigkeit des Waldwachstums (in der Regel 100 bis 120 Jahre) schließt daher von vorneherein solche Waldumwandlungen aus, die für den einzelnen Besucher den Eindruck einer erlebten Änderung der Waldlandschaft erwecken könnten.
4. Wenn sich die Wiener Bevölkerung und das in ihr verankerte Naturschutzdenken gegen bestimmte — oder besser gesagt gegen alle — Waldumwandlungsprojekte zu wenden scheint, so ist dies vermutlich nicht als sachliche Stellungnahme zu einem bestimmten, von der Bevölkerung gar nicht näher geprüften Vorhaben anzusehen, sondern als Ausdruck des Wunsches, der Wienerwald dürfe nicht zerstört oder in irgendeiner Form nachteiligen Einflüssen ausgesetzt werden.

Wenn daher vom forstbetriebswirtschaftlichen Standpunkt und unter Berücksichtigung der ungünstigen Ertragslage reiner oder überwiegender Laubholzbetriebe verschiedene Vorschläge zur Diskussion gestellt werden, die eine teilweise Umwandlung der Baumartenzusammensetzung und damit eine Verbesserung der wirtschaftlichen Ertragsfähig-

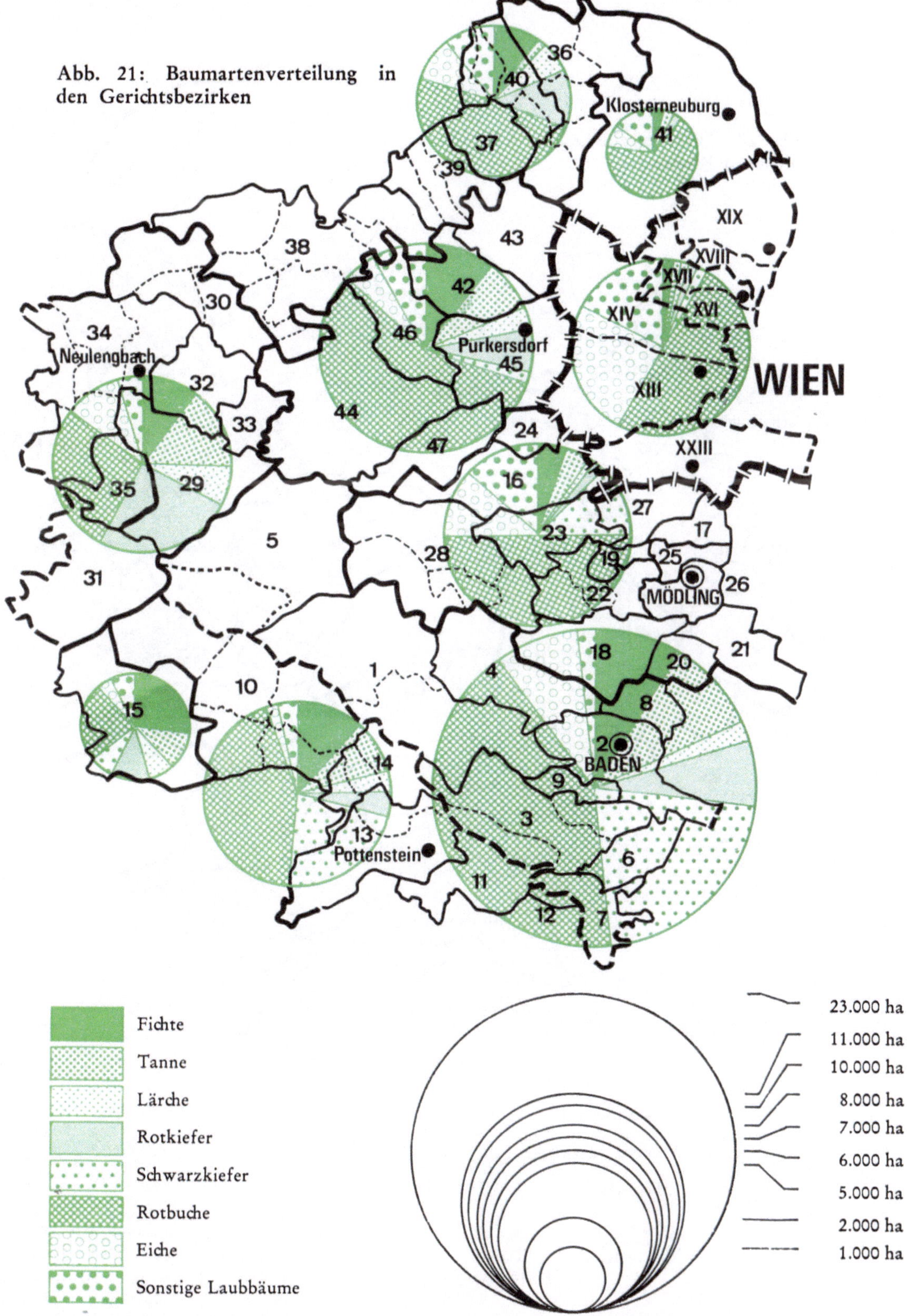

Abb. 21: Baumartenverteilung in den Gerichtsbezirken

Quelle: Österr. Waldstandsaufnahme 1952 und Unterlagen für den Österreich-Atlas der Österr. Akademie der Wissenschaften.

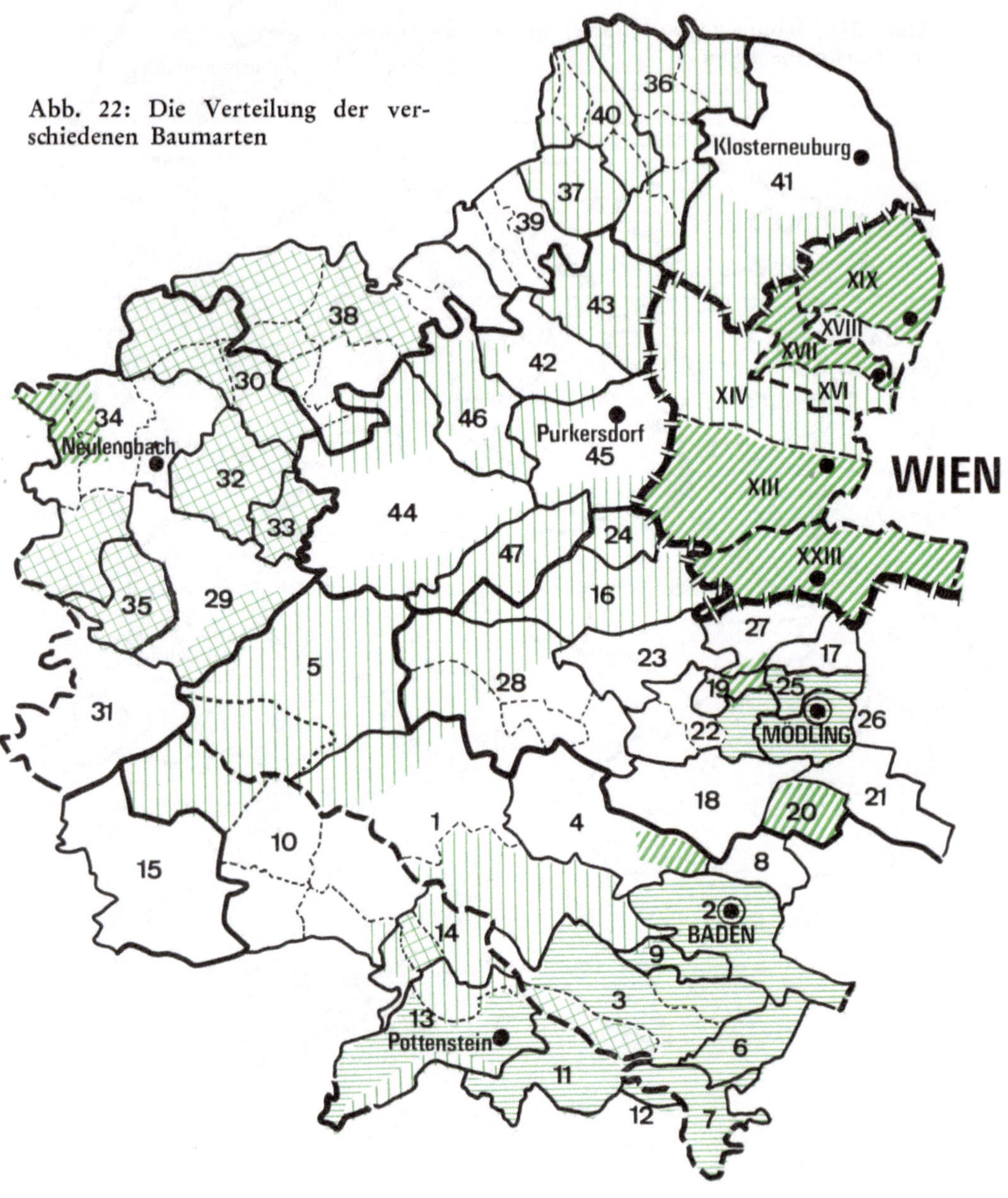

Abb. 22: Die Verteilung der verschiedenen Baumarten

50% Buche

50% Schwarzkiefer

25% Eiche

25% Kiefer

Mischwald (Fichte, Tanne, Kiefer, Lärche, Buche, Eiche)

Quelle: Unterlagen für den Österreich-Atlas der Österr. Akademie der Wissenschaften und Österr. Waldstandsaufnahme 1952—1956.

keit dieser Wälder zum Ziele haben, dann kann vom Standpunkt des Erholungswaldes der Verwirklichung solcher Vorschläge dann zugestimmt werden, wenn sie unter Berücksichtigung der standörtlichen Möglichkeiten und auf der Basis naturnaher Baumartenmischungen sowie im Rahmen eines langfristigen Konzeptes mit kleinen Angriffsflächen und mit evolutionären, also nicht revolutionären, Methoden erfolgen. Unter diesen Prämissen können auch die Vorschläge, die Mayer 1968 veröffentlicht hat, durchaus positiv beurteilt werden, zumal seine Anregungen

die Bestandsumwandlung nur 4 von den insgesamt von ihm ausgeschiedenen 20 Standorttypen betrafen;

die Einbringung der Fichte als einer im Wienerwald an der Grenze ihres natürlichen Verbreitungsgebietes verbindliche Baumart nur zu etwa einem Zehntel der Vollbestokkung vorsahen und

im Rahmen dieser Umwandlungsbestrebungen auch die Förderung der Buchenstarkholzzucht auf jenen Standorten, wo diese möglich und damit auch wirtschaftlich erstrebenswert ist, zu einem der ausgesprochenen Ziele dieses Umwandlungskonzeptes gemacht haben.

Im Zuge der Diskussion über das erwähnte Waldbaukonzept von Mayer ist auch die Frage der *chemischen Bekämpfung* von unerwünschten, reinen Laubholzverjüngungen anstelle der üblichen mechanischen Jungwuchsläuterungen in der Öffentlichkeit behandelt worden. In einer Raumordnungsstudie kann diese, mit sehr vielen fachlichen und chemischen Details belastete Frage nicht in ihren Einzelheiten behandelt werden. Grundsätzlich ist jedoch festzustellen, daß die Wuchsstoffpräparate, die durch eine Forcierung des Wachstums im Wege einer biologischen Erschöpfung das Absterben der behandelten Pflanzen verursachen, keinesfalls generell als Pflanzengifte bezeichnet werden können. Ihre Anwendbarkeit sollte nicht Gegenstand einer speziellen Wienerwalddiskussion sein, sondern ist vom Gesichtspunkt des Umweltschutzes generell zu beurteilen und zu entscheiden. Jedenfalls kann gesagt werden, daß die stark verbreitete Anwendung solcher Präparate zur Bekämpfung von Laubwäldern in der unmittelbaren Umgebung bäuerlicher Siedlungen einen viel größeren Kontakt mit Menschen und eine wesentlich unmittelbarere Beeinflussung der Trinkwasserversorgung der Bevölkerung verursachen könnte, als dies im Wienerwald der Fall ist. Die Anwendung dieser Präparate im Wienerwald bedarf daher keiner Spezialbeurteilung, sondern wird sich nach den generellen Erkenntnissen zu richten haben, die vom Standpunkt eines gewissenhaften Umweltschutzes für das gesamte Bundesgebiet zu erarbeiten sind.

Auch in dieser Frage der Jungwuchsbehandlung gibt es neben der gesundheitlichen und biologischen Beurteilung noch Überlegungen landschaftsästhetischer Art. Es wird von vielen Waldbesuchern kritisiert, daß bei Läuterungen bzw. bei Reduzierungen von Buchenjungwüchsen abgestorbene Bäumchen zurückbleiben, die das Landschaftsbild und damit die Erholungswirksamkeit der Landschaft negativ beeinträchtigen. Eine solche Auswirkung ist allerdings unabhängig von der angewandten Arbeitsmethode, da nicht nur bei der chemischen Bekämpfung, sondern in der Regel auch bei der mechanischen Läuterung — wegen der Unverwertbarkeit des anfallenden Stangenmaterials — die geköpften oder sonstwie behandelten Stämmchen am Arbeitsort zurückbleiben. Die Auswirkungen einer solchen Jungwuchspflege sind aber bereits in wenigen, maximal 3 bis 4 Jahren nicht mehr erkennbar und es präsentiert sich dann auf den so behandelten Flächen eine umso wüchsigere Kultur. In Anbetracht des völlig unmaßgeblichen Flächenanteiles solcher bearbeiteten Örtlichkeiten im Verhältnis zur Gesamtwaldfläche im Wienerwald (jährliche zur Behandlung kommende Fläche vielleicht 1‰ der Gesamtwaldfläche) erscheint es absolut vertretbar, optisch-ästhetische Bedenken gegen die Maßnahmen der Jungwuchspflege unberücksichtigt zu lassen. Denn der damit verbundene waldwirtschaftliche Wertzuwachs ist wesentlich höher als der allenfalls entstehende Nachteil im Erholungsbereich, der überdies dadurch auch völlig vermieden werden kann, daß durch entsprechende Wegleitungen der Erholungsverkehr für die kurze Dauer solcher Behandlungen von diesen Flächen abgehalten werden kann.

Schließlich ist auch die Frage des *Großmaschineneinsatzes* im Wienerwald diskutiert worden. Vom Standpunkt der forstlichen Betriebswirtschaft besteht Einigkeit, daß der Einsatz moderner und möglichst rationeller Holzerntemethoden überall dort, wo dies das Gelände zuläßt, unbedingt vorangetrieben werden muß, weil nur dadurch eine ausgeglichene finanzielle Gebarung der Forstbetriebe erreicht werden kann. Bekanntlich steigen die Lohnkosten wesentlich stärker als die Holzpreise, und es kann diese auseinanderklaffende, negative Entwicklung nur dann abgemildert werden, wenn der Personaleinsatz zu einem Teil durch Maschineneinsatz abgelöst wird, bei dem die jährlichen Kostensteigerungen nicht so hoch sind. Der Einsatz von Großmaschinen zur Holzernte, insbesondere die Verwendung von Großtraktoren für die Bringung des Holzes, konnte in den letzten Jahren so sehr den Geländeverhältnissen angepaßt werden, daß auch auf hügeligen und leicht bergigen Flächen bei einem solchen Maschineneinsatz keine entscheidende Änderung in der Waldbaumethode erforderlich wird. Der Großmaschineneinsatz führt daher in Österreich keinesfalls zu einer Großkahlschlagwirtschaft, sondern paßt sich den hier üblichen und landschaftsökologisch vertretbaren Waldbauformen an. Die Diskussion über den Großmaschineneinsatz im Wienerwald hat sich daher objektiverweise nicht mit Fragen des Bodenschutzes oder der biologischen Waldbehandlung zu beschäftigen, da in diesem Bereich keine ernsthaften Probleme bestehen; es bleibt lediglich die allfällige Abträglichkeit zu prüfen, die der Maschineneinsatz und der damit verbundene Lärm, allenfalls auf kleiner Fläche auch die Luftverschlechterung für den Erholungsverkehr haben könnte. Auch hier muß gesagt werden, daß die geländebedingten Einsatzmöglichkeiten sowie der Umfang der jährlichen Schlägerungsflächen den Maschineneinsatz während eines Jahres auf 2 bis 4‰ der Gesamtwaldfläche beschränken, wobei diese Flächen jeweils nur für wenige Wochen von den Maschinen bearbeitet werden. Es treffen also hier dieselben Überlegungen wie für die Jungwuchspflege zu und es muß auch beim Maschineneinsatz im Wald — soweit dies überhaupt für den Erholungsverkehr abträglich ist (Samstag und Sonntag arbeiten die Maschinen nicht!) — ohne Schwierigkeiten möglich sein, durch Ableitungen des Erholungsverkehrs allenfalls nachteilige Auswirkungen zu vermeiden.

Unbestritten ist der spürbare Konnex zwischen Bewirtschaftung und Erholung im Bereich *Jagd.* Hiebei kommt es allerdings fast ausschließlich zu nachteiligen Auswirkungen für die Jagdwirtschaft. Unter Zugrundelegung der von den Österreichischen Bundesforsten erarbeiteten Tabellen für die Berechnung des Jagdwertes wurde versucht, die Beeinträchtigung der Jagd durch den Erholungsverkehr wertmäßig zu erfassen. In dieser Tabelle werden neben verschiedenen Kriterien, wie nachhaltiger Abschuß, Aufschließung des Reviers, Begehbarkeit, Stand der Reviereinrichtungen, Reviergröße, Verkehrslage, Pächterinteresse, Wildqualität naturgemäß auch die Bejagbarkeit unter Berücksichtigung der Touristik und des Verkehrs bei der Pachtwertbestimmung erfaßt. So ergibt sich bei Annahme der für ein durchschnittliches Wienerwaldrevier geltenden Verhältnisse ein Minderertrag, der bei „wiederholt starker Behinderung der Jagdausübung“ durch Touristik, Verkehr etc. S 1,50 pro ha und bei „ständig starker Behinderung“ S 3,50 pro ha im Vergleich zu dem bei kaum behinderter Jagdausübung festgelegten jährlichen Pachtschilling ausmacht.

Da dieser Bewertungsgrundlage die Verhältnisse der gesamten Jagdflächen der Österreichischen Bundesforste zugrunde gelegt sind und die stadtnahen Wienerwaldreviere sicherlich überdurchschnittlich im Vergleich zu anderen Gebieten Österreichs durch den Erholungsverkehr belastet sind, können diese Zahlen als absolute Mindestwerte betrachtet werden. Nicht quantitativ feststellbar ist der Erlebniswert, der sich den Waldbesuchern durch die Beobachtung von Wild bietet. Gerade in einem sehr stark begangenen Erholungswald ist das Wild allerdings recht heimlich geworden und relativ selten

zu beobachten. Dennoch sehen laut MAYER-Befragung rund die Hälfte der Wienerwaldbesucher (48%) manchmal Wild, ein Drittel (37%) sehr selten und nur ein geringer Teil (5%) bekommt Wild überhaupt nie zu sehen. Wildbeobachtung in einem Gehege ist für mehr als zwei Drittel aller Besucher kein Ersatz für fehlendes oder zu geringes Antreffen von Tieren in freier Wildbahn. Das Verständnis, das seitens der erholungssuchenden Bevölkerung gegenüber jagdlichen Erfordernissen (Wegsperren, Hunde an die Leine nehmen etc.) entgegengebracht wird, ist mit 90% aller Befragten als sehr groß zu bezeichnen.
Um die unmittelbare Situation im Wienerwald, insbesondere das Verhalten der Erholungssuchenden und ihre Berührungspunkte mit dem Wald und der Landschaft, beurteilen zu können, wurden zahlreiche *Bereisungen* des gesamten Wienerwaldgebietes und *Kontaktaufnahmen* mit Gaststätten, Gemeinden und Forstdienststellen vorgenommen. [1]) Als augenfälligstes Merkmal ist hiebei immer wieder die Tatsache in Erscheinung getreten, daß im Wienerwald für den motorisierten Ausflügler überhaupt keine geeigneten Voraussetzungen vorhanden sind. Es bestehen fast nirgends geordnete oder konstruktive Möglichkeiten, einen Pkw abzustellen, um in der Landschaft zu wandern. Die Autos werden vielmehr am Straßenrand, in Straßengräben, in verbreiterten Kurven, auf Ausweichplätzen, in Steinbrüchen oder vor Wegschranken geparkt und bilden sehr häufig Verkehrshindernisse und Gefahrenquellen. Des weiteren fehlt es an ausreichenden Hinweisen zur sinnvollen Erwanderung von Ausflugsgebieten; sehr häufig werden daher die Autoinsassen in nächster Nähe der abgestellten Autos, oft in unschöner oder ungeeigneter Umgebung angetroffen. Auch gibt es keinerlei Möglichkeiten, um den Städter neben dem Wandern zu einer sonstigen sinnvollen Beschäftigung anzuregen (z. B. Spielwiesen mit einfachen Sportgeräten) oder ihm gewünschte Tätigkeiten zu erleichtern (man sieht z. B. immer wieder Autofahrer, die ihre Autos an den Bächen waschen.

An zahlreichen Örtlichkeiten wurde auch festgestellt, daß die Erholungslandschaft durch Ablagerungen und Abfälle verunstaltet wird (Autowracks, Abfallhaufen, Müllablagerungsplätze), wobei nirgends Bemühungen erkennbar sind, derartige Stellen durch Grünverblendungen wenigstens optisch zu neutralisieren.

Ähnliche Erkenntnisse ergeben sich auch bei der Beurteilung der Siedlungstätigkeit im Wienerwald. Ohne Zweifel besteht ein starker Druck seitens der Wiener Bevölkerung zur Errichtung von Wochenendhäusern, Zweitwohnsitzen oder auch von Hauptwohnsitzen im Grünen. Es ist sicher notwendig und richtig, einem solchen bestehenden Bedarf in entsprechender Weise Rechnung zu tragen. Wie dies bei den bestehenden Siedlungen im Wienerwald in architektonischer, aufschließungstechnischer und gemeindepolitischer Hinsicht gelöst wurde, kann nicht Gegenstand einer Erörterung im Rahmen dieser Arbeit sein. Vom Standpunkt der Landschaftsästhetik und der Einbindung solcher Siedlungen bzw. Einzelhäuser in die stark vom Wald geprägte Erholungslandschaft ist jedoch zu sagen, daß nur in sehr wenigen Fällen eine Harmonie zwischen Siedlungskörper und Landschaft gefunden worden ist, daß vielmehr in der überwiegenden Zahl der Fälle derartige Siedlungen als störendes, vielfach sogar zerstörendes Element angesprochen werden müssen. Hieran ist neben vielen anderen Umständen auch die Tatsache schuld, daß kaum irgendwo der Versuch unternommen wird, durch geeignete Eingrünungen, Anpflanzung von Sichtschutzstreifen oder sonstige biologische Maßnahmen solche Siedlungen aus dem Blickfeld zu rücken oder zumindest einen harmonischen Übergang zu den angrenzenden Waldlandschaften zu schaffen.

Es wurde vorher aufgezeigt, daß jegliche Anleitung oder Ordnung des Erholungsverkehrs im Wienerwald fehlt. Das hat unter anderem auch zur Folge, daß es im Wienerwald ausgeprägte Ballungsräume des Erholungsverkehrs gibt, während weite Gebiete, oftmals in unmittelbarer Nähe derartiger Konzentrationspunkte, weitgehend ungenutzt

[1]) Das Institut verfügt als Ergebnis dieser Bereisungen über umfangreiches, bebildertes Unterlagenmaterial, das einzelne Wienerwaldgebiete beschreibt und für detaillierte Planungen noch weitere Verwendung finden kann.

bleiben. Daraus ergeben sich ebenfalls deutliche Nachteile, da nicht nur eine Überbelastung der Landschaft entsteht, sondern auch die Erholungswirksamkeit der Natur in solchen überfrequentierten Örtlichkeiten stark absinkt. Diese Feststellung gilt besonders für die im Westen und Südwesten unmittelbar an das Stadtgebiet angrenzenden Waldteile, in etwas abgeschwächter Form auch für das Helenental bei Baden.

4 Zusammenfassung der Ergebnisse

Der geographische Raum des Wienerwaldes schließt eine Reihe von Städten und größeren Orten mit ein. Für die Aufgabenstellung dieser Arbeit ist jedoch vorwiegend der ländliche Raum, insbesondere der Wald und die freie Landschaft, von Belang. Aus diesem Gesichtspunkt ergeben sich folgende zusammenfassende Überlegungen:

1. Die *Landwirtschaft* im Wienerwald ist ungünstig strukturiert, bietet nur in geringem Umfang ausreichende Existenzgrundlagen und besitzt auch keine günstigeren Zukunftsaspekte. Zu den geringen eigenen Wachstumschancen der Landwirtschaft kommt noch die Tatsache, daß der berufliche und vom Lohnniveau ausgehende Sog auf die in der Landwirtschaft tätigen Menschen in der Nähe der Großstadt verständlicherweise sehr groß ist, so daß sich die Interessen der bäuerlichen Jugend immer stärker von der Landwirtschaft abwenden und die Zahl der 2.400 Vollerwerbsbetriebe im niederösterreichischen Teil des Wienerwaldes noch weiter zurückgehen wird.

   Durch eine gezielte Agrarstrukturpolitik sollte daher eine Stärkung der verbleibenden Vollerwerbsbetriebe und die Anhebung des Einkommensniveaus der in ihnen tätigen Menschen angestrebt werden. Nur in solchen Betrieben wären voraussichtlich auch die wirtschaftlichen und persönlichen Voraussetzungen für ein stärkeres Engagement auf dem Sektor der Privatzimmervermietung zu finden. Die private Unterbringung von Gästen erfordert gerade im Wienerwald, in der unmittelbaren Nähe der Großstadt und der dort überwiegend vorhandenen Wohnkultur, bestimmte Voraussetzungen sowohl hinsichtlich der Qualität wie auch hinsichtlich der Reinlichkeit. Würde es den bäuerlichen Betrieben gelingen, die Privatzimmervermietung stärker zu forcieren, so könnten sie dadurch einen interessanten Nebenerwerb finden, der zusätzlich zur Stärkung der bäuerlichen Existenzen im Wienerwald beitragen würde. Darüber hinaus wäre eine solche verstärkte Privatzimmervermietung mit entsprechendem Niveau auch für die Gesamtentwicklung des Fremdenverkehrs von großem Vorteil, da die zu befürchtende kurzfristige Auslastung solcher Quartiere bei Gewerbebetrieben vielfach zu sehr unwirtschaftlichen Strukturen führt und daher die insgesamt wünschenswerten Investitionen im Wienerwald von gewerblicher Seite allein keinesfalls erwartet werden können.

   Die Agrarstrukturpolitik wird sich aber auch der wachsenden Zahl von Nebenerwerbsbetrieben im Wienerwald annehmen müssen. Soweit die Flächen solcher Betriebe nicht zur Aufstockung von benachbarten Vollerwerbsbetrieben (z. B. durch langfristige Anpachtung) herangezogen werden können oder überhaupt allmählich eine Eigentumsverlagerung in Richtung der Vollerwerbsbetriebe eintritt, wird diesen Betrieben in Zukunft auch eine wesentliche Funktion bei der Erhaltung der Kulturlandschaft zukommen. Entsprechende Förderungsmaßnahmen und Beratungen, die es den Nebenerwerbslandwirten ermöglichen, ihre landwirtschaftlichen Flächen auch weiterhin zweckentsprechend und rentabel zu bewirtschaften, werden die öffentliche Hand immer noch billiger kommen, als die landschaftspflegerische Betreuung solcher Flächen, die zur Erhaltung der Erholungslandschaft im Wienerwald unterläßlich würde, wenn derartige Nebenerwerbslandwirtschaften aufgelassen würden oder brach liegen blieben. Selbstverständlich wird auch für den Kreis der Nebenerwerbslandwirte, wenn sie über die entsprechenden baulichen und sonstigen Voraussetzungen verfügen, die Frage der Privatzimmervermietung und damit die Einschaltung in das Fremdenverkehrsgeschehen in vielen Fällen von Bedeutung sein.

Die *Forstwirtschaft,* insbesondere im Bereich der größeren Betriebe, bietet trotz der schwierigen betriebswirtschaftlichen Situation und sich verschlechternden Ertragslage vermutlich auch in Zukunft Erwerbsmöglichkeiten, im Hinblick auf die um sich greifende Mechanisierung aber auch hier in zurückgehender Zahl.

Die Entsiedelung des Wienerwaldes, vor allem der entlegenen Örtlichkeiten, ist eine akute Gefahr, die sich aus der Situation in der Land- und Forstwirschaft zwingend ergibt; sie wird sich vielleicht nicht so sehr hinsichtlich der Wohnbevölkerung, sondern vielmehr hinsichtlich der aus dem agrarischen Bereich kommenden Wirtschaftskraft dieses Raumes und hinsichtlich der Intensität der Landnutzung bemerkbar machen.

2. Die *Waldflächen* des Wienerwaldes sind in ihrem Ausmaß als nicht gefährdet zu bezeichnen; sie weisen fast überall auch eine geordnete und den Erfordernissen der Allgemeinheit durchaus entsprechende Bewirtschaftung auf, wenngleich die Laubholzbetriebe als ertragsarm bezeichnet werden müssen. Die standörtlichen Gegebenheiten des Wienerwaldes schaffen die Voraussetzung dafür, daß im Zuge langfristig wirksamer, waldbaulicher Umwandlungen die Ertragskraft der Forstbetriebe verbessert werden könnte. Diese Maßnahmen würden jedoch keinesfalls den Charakter des Wienerwaldes als Mischwald mit überwiegendem Laubholzanteil verändern und würden im Hinblick auf den 100- bis 140jährigen Umtrieb einer Waldgeneration auch so langfristig wirksam werden, daß sie innerhalb einer Menschengeneration kaum bemerkbar wären.

3. Der Wienerwald als bisher vorwiegend agrarwirtschaftlich strukturiertes Gebiet wird in Zukunft — bei Zurückgehen der land- und forstwirtschaftlichen Wirtschaftskraft — seine wirtschaftliche Basis im vermehrten Maße aus dem *Erholungs- und Ausflugsverkehr* gewinnen müssen. Daraus ergibt sich, daß folgenden drei Fragenkomplexen im Wienerwald besonderes Augenmerk zuzuwenden ist:

   a) Die bisherigen, hauptsächlich landwirtschaftlich geformten Siedlungen im Wienerwald verlieren ihre Eigenständigkeit und Lebenskraft. Die Wohnstätten werden zum Teil Wohnsitze für Pendler oder für Rentner. Die fehlende Wirtschaftsdynamik findet ihren Niederschlag im Aussehen sehr vieler derartiger Siedlungen.

   Demgegenüber entsteht ein sehr deutlich spürbarer Trend zur Anlage neuer *Siedlungen als Wochenendhäuser* für die einkommensstärkeren Wiener Bevölkerungskreise. Diese Wochenendhaussiedlungen sind in der Regel aber nicht in einem organischen Zusammenhang mit der bisherigen Besiedelung des Wienerwaldes entstanden, sondern sie werden entweder isoliert oder auch in Gruppen in die Landschaft gesetzt, ohne Rücksichtnahme auf eine landschaftliche, verkehrstechnische oder gemeindeplanerische Gesamtgestaltung. Es ist bisher nicht gelungen, mit Hilfe dieser Wochenendhaussiedlungen eine sinnvolle Belebung der verstreut und isoliert liegenden ländlichen Gemeinden und damit eine konstruktive Ablösung der schwächer werdenden Agrarwirtschaft durch die stärker werdende Fremdenverkehrswirtschaft zu erreichen, sondern es haben die Wochenendsiedlungen in einem großen Ausmaß zu einer Belastung der Landschaft und zu einer Verschlechterung der generellen Erholungsbedingungen im Wienerwald geführt.

b) Wenn in früheren Zeiten der Wienerwald hauptsächlich als Wandergebiet benützt wurde, so haben damals die im Verlauf von Wanderrouten liegenden Berggasthäuser und Schutzhütten den diesbezüglichen Bedarf gedeckt. Die heute wesentlich stärkere Inanspruchnahme des Wienerwaldes als Erholungs- und Ausflugsgebiet, die gestiegenen Qualitätsansprüche und vermehrten finanziellen Möglichkeiten der Besucher sowie der dominante Einsatz von Pkw erfordern ein wesentlich stärkeres und auch auf anderem Niveau liegendes Angebot von *Restaurationsbetrieben.* Überdies wird die wirtschaftliche Eigenständigkeit der Wienerwaldgemeinden aus dem Fremdenverkehr nur dann zu verstärken sein, wenn das Angebot sich auch auf sonstige Bereiche, wie *Nächtigungsmöglichkeiten,* attraktive Bäder, sonstige Sport- und Erholungsstätten, kulturelle Anziehungspunkte, ausweitet. Denn nur bei Vorhandensein derartiger Angebote werden die Ausflügler veranlaßt, länger in einer Wienerwald-Gemeinde zu verweilen und Ausgaben zu tätigen. Das gilt auch für die Bewohner von Wochenendhäusern. Es scheinen die Möglichkeiten, der Wiener Ausflugsbevölkerung ein gepflegtes Abendessen oder einen Kurzurlaub zu bieten, im Wienerwald bei weitem noch nicht ausgeschöpft zu sein.

c) Auch hinsichtlich der *Inanspruchnahme der Landschaft* für Erholungszwecke sind in den zurückliegenden Jahrzehnten sehr wesentliche Veränderungen eingetreten. Der Besucher von heute stellt — schon allein weil er motorisiert ist — ganz andere Ansprüche als der Wanderer aus dem Jahre 1900, der vorwiegend mittels öffentlicher Verkehrsmittel in den Wienerwald gekommen und daher hinsichtlich der Wahl der Wanderrouten wesentlich abhängiger gewesen ist.

Bezogen auf diese heutigen Ansprüche muß festgestellt werden, daß die in idealer Weise vorhandene freie Landschaft im Wienerwald für den Erholungs- und Ausflugsverkehr mit wenigen Ausnahmen noch unerschlossen ist, daß die in ihr liegenden Möglichkeiten weitgehend ungenützt bleiben und daß sich der Ausflugsverkehr ungeordnet über diese Landschaft hinbewegt. Das bereitet nicht nur den Grundeigentümern Ärgernis, sondern läßt auch bei den Erholungssuchenden den Eindruck zurück, daß er immer wieder mit bestimmten Widerwärtigkeiten konfrontiert werde.

Die mangelnde Gestaltung der Erholungslandschaft kommt insbesondere im Fehlen von ausreichenden Parkplätzen und im Nichtvorhandensein von Rundwanderwegen zum Ausdruck. Aber auch das Fehlen fast jeglicher Information beeinträchtigt das positive Erholungserlebnis, da der Erholungssuchende von heute bei weitem nicht mehr so mit Natur und Landschaft vertraut ist, wie dies beim Wanderer vergangener Jahrzehnte vorausgesetzt werden konnte.

Zu vermerken ist weiters, daß die wenn auch geringen Möglichkeiten des Wintersports im Wienerwald kaum genutzt werden und damit der Aufbau einer zweiten Fremdenverkehrssaison bisher unterbleiben mußte.

Die Nutzung der Landschaft für Erholungszwecke ist in der gegenwärtigen Form aber auch deswegen unbefriedigend, weil keinerlei Koordination zwischen Land- und Forstwirtschaft bzw. Grundeigentumern einerseits und den Bereichen der Erholungssuchenden und der Fremdenverkehrswirtschaft andererseits bestehen. Wenn man den Grundeigentümern zumutet, daß sie sämtliche Beschädigungen ihrer Kulturen, alle Gefährdungen des Betriebes (Waldbrände!), alle Aufwendungen für den vermehrten Forstschutzdienst u. dgl. als Belastungen hinnehmen müssen, ohne hiefür einen wirtschaftlichen Ausgleich zu erhalten, kann es nicht Wunder nehmen, wenn seitens der Forstbetriebe und der Grundeigentümer dem Erholungsverkehr und den Wünschen der Erholungssuchenden mit Skepsis und Zurückhaltung entgegengekommen wird. Ein wirtschaftlicher Ausgleich zwischen

Land- und Forstwirtschaft einerseits und der erholungssuchenden Bevölkerung — vermutlich vertreten durch Gebietskörperschaften und Staat — andererseits würde die Voraussetzung für eine optimale Nutzung der Landschaft sein.

Aus dieser zusammenfassenden Darstellung der Situation im Wienerwald ergeben sich als Schlußfolgerungen zwei Forderungen.

1. Es sollte alles daran gesetzt werden, die *Wirtschaftskraft der ländlichen Gemeinden* des Wienerwaldes zu heben, insbesondere durch Stärkung der dort befindlichen land- und forstwirtschaftlichen Betriebe, somit durch gezielte Förderung der lebensfähigen bäuerlichen Betriebe und durch Vornahme aller sinnvollen Rationalisierungs- und Mechanisierungsmaßnahmen in größeren Forstbetrieben; weiters durch Ausschöpfung aller Möglichkeiten der Forcierung des Fremdenverkehrs, somit eine gezielte Erschließung von Fremdenverkehrspunkten des Wienerwaldes unter Berücksichtigung des heute erforderlichen Angebotsniveaus mit gleichzeitiger Ausnützung des in idealer Form vorhandenen landschaftlichen Substanzwertes; schließlich auch durch verstärkte Einschaltung geeigneter bäuerlicher Betriebe in das Fremdenverkehrsgeschehen in Form der Privatzimmervermietung, aber auch in anderer Weise (Reitstall, Schlittenfahrten, Ausschank u. a.). Gleichzeitig sollte dafür gesorgt werden, daß durch die Auswahl und Aufschließung geeigneter Wochenendhausgebiete eine konstruktive Ansiedlungspolitik in einer Weise entwickelt wird, die sowohl den Anforderungen der Gemeindepolitik wie auch den Notwendigkeiten der Landschaftspflege entspricht. Der landschaftspflegerische Aspekt wird hiebei nicht nur durch die räumliche Situierung solcher Wochenendhaussiedlungen erreicht werden können, sondern auch durch die Gestaltung der Siedlungen selbst mittels Einbindung von Grünstreifen, Grünabblendungen u. dgl.
2. Es ist eine konsequente und umfassende *Ausgestaltung der Landschaft des Wienerwaldes* als Erholungsraum anzustreben, unter Berücksichtigung aller Anforderungen des modernen Erholungs- und Ausflugsverkehrs und im Sinne einer intensiv gepflegten, den Naturparken vergleichbaren Erholungslandschaft. Hiebei müßte sichergestellt werden, daß die Finanzierung dieser Maßnahmen nicht allein den Wienerwald-Gemeinden oder den Grundeigentümern zur Last fällt, sondern daß sie vorwiegend aus jenem Bereich heraus finanziert wird, der aus der Inanspruchnahme dieser Erholungslandschaft in erster Linie Nutzen zieht.

Eine Bewältigung dieser Aufgaben kann nur erwartet werden, wenn eine weitreichende Koordinierung der Bestrebungen in allen Bereichen, insbesondere also zwischen Land- und Forstwirtschaft einerseits und Fremdenverkehrswirtschaft anderseits möglich ist, wenn es darüber hinaus aber auch zu einer gut abgestimmten Vorgangsweise zwischen Privatinitiative und öffentlichem Mitteleinsatz kommt.

5 Vorschläge zur Ausgestaltung des Wienerwaldes als Erholungsraum

Nachdem in den vorhergehenden Abschnitten versucht wurde, Gegebenheiten und Notwendigkeiten des Wienerwaldes aus einer möglichst umfassenden Schau zu beurteilen, sollen sich die abschließenden Vorschläge im wesentlichen auf jenen Bereich konzentrieren, welcher der spezifisch forstlichen und landschaftsgestaltenden Zielsetzung entspricht. Es stehen im folgenden daher Maßnahmen forstlicher Art, technische Gestaltungsmaßnahmen im Wald bzw. in der Landschaft, darüber hinaus aber auch organisatorische, rechtliche und finanzielle Fragen, die das Geschehen im Landschaftsraum beeinflussen, zur Diskussion.

5.1 Regionale Abgrenzungen

Regionale Abgrenzungen von Erholungsräumen im Wienerwald werden — wegen der sonst weitgehend ähnlichen Gegebenheiten — vorwiegend von der Erreichbarkeit dieser Räume bestimmt. Der Wienerwald als Ganzes ist ein Naherholungsgebiet mit besonderer Lagegunst, daher geeignet vorwiegend für Kurzbesuch (Halbtag- bis Ganztagsausflüge, weniger 1½- bis 2tägige Aufenthalte), wenngleich manche Gegenden auch für längere Urlaubsaufenthalte in Frage kommen. Durch die teilweise Bindung an öffentliche Verkehrsmittel und das starke Auftreten von Halbtagsbesuchen ergibt sich eine gewisse Massierung im unmittelbaren Nahbereich der Stadt, was auch durch die Ergebnisse der Verkehrszählung bestätigt wird.

Aus den Erhebungen und Bereisungen ergibt sich also, daß ein relativ schmaler Waldgürtel im Westen und Südwesten der Stadt Wien eine überdurchschnittlich hohe Frequenz von Erholungsuchenden aufweist. In diesem Gebiet besteht eine doppelte Aufgabe:

a) die intensive Gestaltung dieses Gebietes als Erholungslandschaft, um damit dem starken Bedarf Rechnung zu tragen;

b) die Einleitung von Maßnahmen, die eine Ableitung des Erholungsverkehrs in angrenzende Gebiete und damit eine Verflachung der Konzentrationsspitzen zum Ziele haben.

Wie der kartographischen Darstellung zu entnehmen ist, erstreckt sich dieses Ballungsgebiet des Naherholungsverkehrs vom Kahlenberg über den Hermannskogel zur Sophienalpe und umfaßt weiters den Raum der Föhrenberge westlich von Perchtoldsdorf sowie die außerhalb der Tiergartenmauer liegenden Waldteile bei Mauer und Kalksburg. Der Lainzer Tiergarten selbst wird hiebei außer Betracht gelassen, da er ein Erholungsgebiet besonderer Art ist und von der Stadtforstverwaltung schon seit Jahrzehnten nach einem vorbildlichen Konzept bewirtschaftet und ausgestaltet wird.

In abgeschwächter Form sind Konzentrationstendenzen des Erholungsverkehrs auch im Raum westlich von Baden (Helenental) festzustellen, die vermutlich in dem Ausmaß anwachsen werden, als der Raum zwischen Wien und Wiener Neustadt zu einem nahezu geschlossenen Industrie- und Siedlungsgebiet zusammenwächst. Es sollte daher der Raum Helenental — Hoher Lindkogel — Merkenstein in ähnlicher, wenn auch abgeschwächter Weise zu einem intensiv ausgestalteten Erholungsgebiet gemacht werden.

Darüber hinaus wird der gesamte Wienerwald-Bereich verschiedener Gestaltungs- und Ordnungsmaßnahmen bedürfen, die sich unter Berücksichtigung der Bedarfsentwicklung auch zu einzelnen Schwerpunktprojekten entwickeln sollten. Anzeichen für die Notwendigkeit derartiger Schwerpunktgestaltungen bestehen im Raum Breitenfurt — Laab, im Gebiet Gablitz — Troppberg, im Raum Heiligenkreuz — Mayerling, aber auch im Raum Klausen-Leopoldsdorf, wobei für die letztgenannte Örtlichkeit die dort geplante Autobahnabfahrt ein gewichtiger Hinweis für künftige Entwicklungen sein muß.

Mit diesen räumlichen Vorstellungen soll versucht werden, die gegensätzliche Problematik von Konzentration und Dezentralisierung einer angemessenen und ausgleichenden Lösung zuzuführen. In Übereinstimmung mit den Feststellungen des österreichischen Institutes für Raumplanung kann angenommen werden, daß eine vollständige Dezentralisierung des Erholungsgeschehens und der Erholungseinrichtungen von den Erholungssuchenden im allgemeinen weniger gewünscht wird. Eine derartige räumliche Auflösung liegt auch nicht im Sinne der Landschaftserhaltung. In abgegrenzten Räumen sind Gestaltungs- und Schutzmaßnahmen zur Pflege und Erhaltung der Landschaft leichter zu verwirklichen als in großen, unüberschaubaren Gebieten, zumal mit zunehmender Streuung Errichtungs- und Erhaltungskosten steigen. Dieselbe Überlegung ergibt sich auch vom Standpunkt der Forstwirtschaft, da es im Interesse der forstlichen Betriebsabläufe liegt, wenn neben den mit mehr oder weniger starkem Ausflugsverkehr frequentierten Waldteilen, wo entsprechende forstbetriebswirtschaftliche Rücksichtnahmen erforderlich sind, weitgehend unberührte Waldgebiete mit einer geringen Beeinträchtigung des Holzerzeugungsbetriebes bestehen bleiben.

Selbstverständlich wird dieses Prinzip so lange gelten, als die Massierung des Erholungsverkehrs die Erholungswirksamkeit der Landschaft sowie ihre ökologische Stabilität nicht gefährdet. Tritt dies ein, dann sind Ableitungs- und Dezentralisierungsmaßnahmen unerläßlich.

5.2 Gestaltungsmaßnahmen

Die folgenden Hinweise für die Ausgestaltung des Wienerwaldes als Erholungsraum können nur als generelle Richtlinien und als Weiser für den Umfang der Aufgabenstellung angesehen werden, wenn auch im Anhang hiezu detailliertere, technische Vorschläge gemacht werden. Nach dem Vorliegen der entsprechenden organisatorischen und finanziellen Voraussetzungen wird es daher notwendig sein, eine detaillierte Projektierung in die Wege zu leiten, um die hier erarbeiteten Grundsätze unter Berücksichtigung der örtlichen Gegebenheiten in die Praxis umsetzen zu können. Zur Verdeutlichung dieser Vorgangsweise werden im Anhang zwei sehr unterschiedliche Beispiele einer ausschnittweisen Detailplanung gegeben, und zwar

für den Raum Tulbingerkogel, einem denkbaren Schwerpunkt im nördl. Wienerwald mit bestehendem gastgewerblichem Kristallisationspunkt, einer Aussichtswarte, Reitmöglichkeiten und Wintersportchancen;

für das Gebiet der Rudolfshöhe in der Gemeinde Purkersdorf als ein gegenwärtig wenig erschlossenes Gebiet mit wertvollen Ansatzpunkten (Naturlehrpfad), das für Benützer öffentlicher Verkehrsmittel von Wien aus besonders gut erreichbar wäre.

Abb. 23: Regionale Abgrenzungen

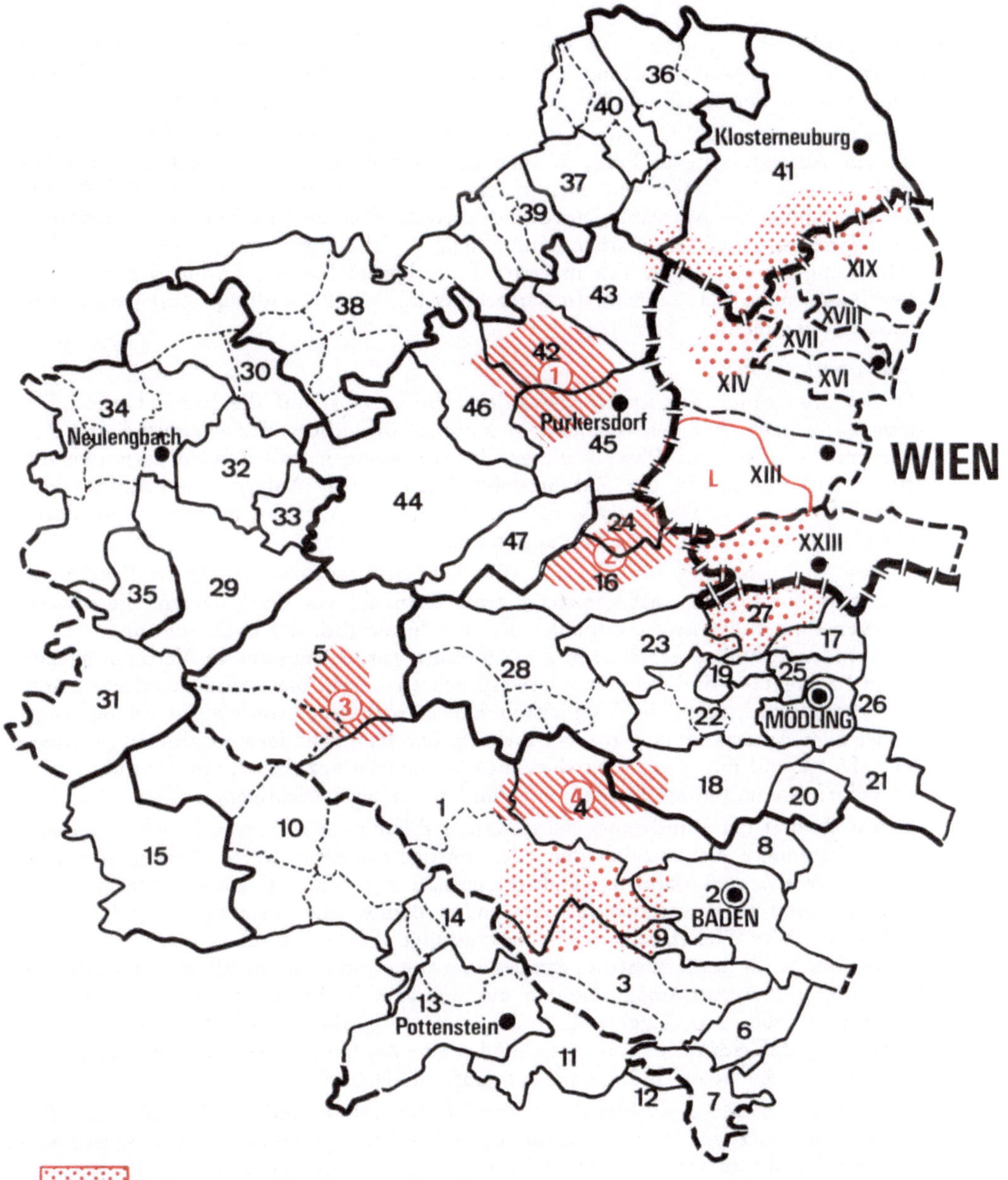

Vordringlich gestaltungsbedürftige Gebiete, teilweise mit deutlicher Konzentrationstendenz

Schwerpunktbildungen bei der weiteren Ausgestaltung des Wienerwaldes

1 Raum Gablitz-Troppberg

2 Raum Breitenfurt-Laab

3 Raum Klausen-Leopoldsdorf

4 Raum Heiligenkreuz-Mayerling

L Lainzer Tiergarten

Bei der detaillierten Projektierung werden jene Planungen und bereits durchgeführten Vorhaben der Grünraumgestaltung entsprechend einzubinden sein, die von der Stadtgemeinde Wien in den westlichen Wiener Gemeindebezirken durchgeführt werden.

Die nachstehende Aufzählung von Gestaltungsmaßnahmen besitzt allgemeine Gültigkeit für die zur Ausgestaltung in Frage kommenden Gebiete des Wienerwaldes, wenngleich natürlich einzelne Vorhaben von einer bestimmten Standortsgunst abhängig sind, was jeweils eine sinnvolle Auswahl erforderlich macht. Eine unterschiedliche Behandlung zwischen intensiv genutzten Flächen und sonstigen Erholungsräumen (Ausweichflächen und Hoffnungsgebiete) ergibt sich in erster Linie hinsichtlich der Dichte der zur Ausführung kommenden Maßnahmen. In der grundsätzlichen Behandlung wird jedoch kein nennenswerter Unterschied bestehen.

a) *Grundausstattung*

Bei der Situierung aller Erholungswaldeinrichtungen ist auf die Erreichbarkeit Bedacht zu nehmen. Für den Wienerwald kommen öffentliche Verkehrsmittel und Zufahrtsmöglichkeiten für Pkw in Frage. In nur wenigen Fällen wird es notwendig sein, eine Verbesserung der Zufahrtsmöglichkeit (durch Anlage einer Straße oder durch Öffnung einer Privatstraße für den öffentlichen Verkehr, allenfalls auch durch Anlage von Radwegen) in die Planung mit einzubeziehen.

Nächste Voraussetzung für die sinnvolle Erschließung eines speziellen Erholungsraumes ist die Anlage einer genügend großen Anzahl von Parkplätzen, die sowohl vom verkehrstechnischen Standpunkt, als auch hinsichtlich der Lage zum unmittelbar umgebenden Erholungsgebiet richtig ausgewählt werden müssen. In Verbindung mit diesen Parkplätzen sind Rundwanderwege neu anzulegen bzw. auszugestalten, damit die Erholungssuchenden die Möglichkeit haben, nach einer solchen Rundwanderung wieder zum Autostandplatz zurückzukehren. Die Rundwanderwege sind in verschiedener Länge und mit jeweils verschiedenen Steigungen anzulegen, um die individuellen Bedürfnisse und Möglichkeiten der Wanderer zu berücksichtigen.

In dem Verlauf der Rundwanderwege sollten Zielpunkte wie Aussichtswarten, Raststätten, besondere Naturschönheiten oder sonstige bemerkenswerte Örtlichkeiten eingebaut werden, weil dadurch erfahrungsgemäß die Wanderfreude angeregt wird. Jedenfalls sind in entsprechenden Abständen Bänke oder Sitzgruppen (Bänke mit Tischen) am Weg oder in seiner Nähe aufzustellen. Hiebei ist auf eine gewisse Variabilität hinsichtlich des Beschattungsgrades zu achten und sind vor allem Standorte am Waldrand mit Aussichtsmöglichkeiten auszunützen. Fallweise sollten solche Rundwanderwege auch an Liege- und Spielwiesen vorbeiführen. Überall dort, wo zu erwarten ist, daß sich die Erholungssuchenden eine Zeitlang aufhalten (z. B. Parkplatz, Sitzgruppe, Liegewiese), sind Abfallkörbe aufzustellen.

Durch entsprechende Beschilderungen und Hinweistafeln sind die Besucher auf die sinnvolle Ausnützung des zur Verfügung stehenden Erholungsraumes hinzuweisen. Es sollte deshalb an jedem Parkplatz eine große Übersichtstafel angebracht werden, aus welcher der Verlauf der Rundwanderwege und die Lage allfälliger Zielpunkte, ebenso auch die Lage größerer Sitzgruppen, zu erkennen ist. Zweckmäßigerweise sollten für das gesamte Wienerwald-Gebiet einheitliche Markierungsfarben für die verschiedenen Typen der Rundwanderwege (nach Dauer und Schwierigkeit) eingeführt werden. Eine leicht einprägsame Benennung verschiedener Zielpunkte wie Aussichtswarten, Liegewiesen u. dgl. und eine dementsprechende Beschilderung ist empfehlenswert.

Darüber hinaus sollten alle speziell ausgestalteten Erholungsräume des Wienerwaldes zusammenfassend dargestellt und beschrieben werden, um der Wiener Bevölkerung entsprechende Unterlagen für den Besuch des Wienerwaldes an die Hand zu geben. Neben dem Vorhandensein einer solchen geschlossenen, mit Karten versehenen Beschreibung, in der nicht nur die bisher aufgezählten Grundausstattungen, sondern auch alle sonstigen, im folgenden noch zu beschreibenden Einrichtungen anzuführen wären, müßte darauf hingewirkt werden, daß auch in anderen Führern, Straßen- und Wanderkarten die wesentlichsten Erholungseinrichtungen des Wienerwaldes, wie insbesondere die Parkplätze, entsprechend deutlich eingezeichnet werden. Im Zuge einer späteren Verfeinerung wäre an die Ausgestaltung eines zusammenfassenden Wienerwaldführers mit naturkundlichen und agrarwirtschaftlichen Hinweisen sowie mit speziellen Beschreibungen, z. B. für Lehrwanderwege, zu denken. Bei allen Hinweisschildern und Schriften ist neben der sachlichen Information auch eine Förderung des waldverständigen Verhaltens der Besucher anzustreben.

b) *Sondereinrichtungen*

An einigen stark frequentierten Örtlichkeiten sind Lehrwanderwege anzulegen, die einerseits naturkundlich-botanisch, andererseits forstwirtschaftlichen Inhalt haben können. Die einzelnen Demonstrationspunkte sind auf Tafeln kurz zu beschreiben. Ein zusammenfassender Führer ist an einer geeigneten Örtlichkeit zum Entnehmen für alle Besucher des Lehrwanderweges zur Verfügung zu halten. Gegebenenfalls könnte ein solcher Lehrwanderweg mit einer naturkundlichen oder agrarwirtschaftlichen Schausammlung, die in einem geeigneten Gebäude unterzubringen wäre, kombiniert werden.

Durch die Anlage von Turn- und Sportpfaden oder von Gesundheitspfaden (vita parcour) sollten Anregungen für körperliche Ertüchtigung gegeben werden. Derartige Pfade sind zweckmäßigerweise mit geeigneten Aufenthaltsstandorten zu verbinden, wo sich Duschen und Umkleidekabinen, gegebenenfalls auch eine Sauna oder ein Swimmingpool befinden. In vereinfachter Form könnte ein solcher Turnpfad an eine Liegewiese angeschlossen werden.

Auch die Anlage mehrerer Reitwege mit unterschiedlicher Länge und unterschiedlichem Schwierigkeitsgrad ist wünschenswert. Hiebei muß jedoch eine geeignete Kombination mit einer Reitschule oder einem Reitstall gesucht werden. Die zunehmende Beliebtheit des Reitsportes würde gerade auf diesem Gebiet eine weitreichende Vorsorge rechtfertigen, wobei auch die Schaffung eines durchgehenden Reitwanderweges quer durch den Wienerwald (von Klosterneuburg bis Laab) mit zwischengeschalteten Stützpunkten (Reitställen) in Erwägung gezogen werden sollte.

Mit der Errichtung von Fahrradwegen würde dem zunehmenden Bewegungsdrang entsprochen werden und es könnten damit sinnvolle Verwendungsmöglichkeiten für die stark im Umlauf befindlichen Klappräder geschaffen werden. Solche Fahrradwege wären — im Gegensatz von allen anderen Wegen im Erholungsraum — mit einem Belag zu versehen; u. a. könnte am Ausgangspunkt eines solchen Weges ein Fahrradverleih eingerichtet werden.

Durch besondere Maßnahmen der Landschaftsgestaltung (z. B. die Anlage von Teichen, das Freistellen von charakteristischen alten Bäumen, Überhältern, das Freihalten von Talwiesen u. dgl.) sollte im ästhetischen Bereich der Erholungswert der Landschaft verbessert werden. Auch wäre zu prüfen, ob im Wienerwald durch die Anlage von Teichen Badegelegenheiten geschaffen werden können, was den Erholungswert des betreffenden Raumes beträchtlich erhöhen würde. Diesbezügliche Planungen für Klausen-Leopoldsdorf (Ausgestaltung der Klause) sollten vorangetrieben werden.
Durch die Errichtung von Aussichtstürmen könnte der Bevölkerung ein verbesserter Einblick in die landschaftliche Gestaltung gegeben und ein vermehrtes Interesse am Erwandern dieser Landschaft vermittelt werden. Wo keine Rasthäuser oder Schutzhütten bestehen, sollten im Verlauf längerer Rundwanderwege einfache Aufenthaltshütten errichtet werden, um den Wanderern beim Auftreten von Schlechtwetter eine kurzfristige Unterkunftsmöglichkeit zu bieten.

Auf den Einbau der bestehenden Raststätten in die Rundwanderwege wurde bereits hingewiesen. Darüber hinaus erscheint es vorteilhaft, solche bestehende oder aber an geeigneten Örtlichkeiten neu zu errichtende bzw. besser auszugestaltende Raststätten auch hinsichtlich ihrer Eignung zu prüfen, ob sie den Mittelpunkt für eine ganze Reihe von Erholungseinrichtungen bilden könnten (z. B. Fahrradwege, Turnpfade, Reitwege u. dgl.). Dasselbe würde auch für die Schaffung einzelner Campingplätze gelten. Durch entsprechende Versuchseinrichtungen wird in Erfahrung zu bringen sein, ob die Wiener Bevölkerung Campingplätze im Wienerwald als Standort für Wochenenderholung frequentieren will.

Für den Winter ist die Anlage bzw. der Ausbau von Langlaufloipen und Schiwanderwegen zu empfehlen (Möglichkeit einer Winterverwendung von Radwegen). Besonders an den Nordabhängen des Wienerwaldes ist in der Regel mit einer solchen Schneedauer zu rechnen, daß derartige Einrichtungen, die sowohl dem Leistungssport sowie dem Gesundheitssport dienen würden, durchaus sinnvoll erscheinen. Unter Umständen könnte am Beginn eines solchen Schiwanderweges auch an die Einrichtung einer Verleihmöglichkeit für Langlaufschier gedacht werden.

Bestehende Langlaufloipen und Schiwanderwege (so z. B. bei Kaltenleutgeben und auf der Sophienalpe) wären entsprechend zu berücksichtigen und auf ihre Ausbaufähigkeit hin zu prüfen.

Aber auch die Möglichkeiten zur Ausgestaltung von Schiabfahrten sollten im Wienerwald an geeigneten Örtlichkeiten genützt werden, wobei in der Regel die Aufstellung einer Liftanlage erforderlich sein wird. Hiezu wären ebenfalls bestehende örtliche Initiativen bzw. Vorhaben (z. B. Tulbingerkogel, Wolfsgraben, Hochrotherd) zu prüfen und an eine Ausweitung des Liftbetriebes auf der Hohen Wand-Wiese nach Norden ins Auge zu fassen.

Eine weitere Belebung der Wienerwald-Erholung im Winter könnte durch die Anlage von Schlittenwegen und die Haltung von pferdebespannten Schlitten zur Vermietung an Gäste entstehen.

c) *Spezielle Waldbehandlung*

Für die Forstbetriebe und Waldeigentümer des Wienerwaldes ergeben sich aus dem Ausflugs- und Erholungsverkehr natürlich eine ganze Reihe von Berührungspunkten und Konsequenzen auf den verschiedensten Gebieten. Im einzelnen ist hiezu anzuführen:

Es muß mit der Mitbenützung von Zufahrtswegen und von dort vorhandenen Abstellflächen durch Pkw gerechnet werden, soweit diese Straßen dem öffentlichen Verkehr zugänglich sind. Dadurch entsteht oftmals eine Verkehrsfrequenz, die in einem Mißverhältnis zum Ausbauzustand der betreffenden Straße steht. Auch werden immer wieder vor Wegschranken abgestellte Pkw beobachtet, die den betrieblichen Verkehr sehr stark behindern können. Diesbezüglich muß seitens der Forstbetriebe auf Abhilfe gedrängt werden, sei es durch Verbesserung des Straßenzustandes und Verbreiterung der Fahrbahn, sei es durch Änderung in der Erhaltungskonkurrenz solcher Zufahrtsstraßen, sei es durch Anlage genügend großer Parkplätze am Ende der für den öffentlichen Verkehr zugelassenen Straßenstücke.

Im Bereich der Forstbetriebe, also innerhalb des Waldareals, muß mit einer Mitbenützung der Wege und Steige durch Fußgeher gerechnet werden. Daraus ergeben sich für den Wirtschaftsbetrieb zwar kaum Schwierigkeiten hinsichtlich der Wegbenützung, es können jedoch Gefährdungen der Waldbesucher und Unglücksfälle auftreten, sei es durch das unvorsichtige oder unzweckmäßige Benützen von Wegen und Steigen, sei es durch die plötzliche Konfrontation mit Betriebsfahrzeugen, Großmaschinen u. ä. Auch das Herumklettern der Kinder auf gelagertem Holz, das Besteigen abgestellter Maschinen u. dgl. zählt dazu. Diesbezüglich muß der Forstbetrieb erwarten, daß er von jeder Verantwortung und Haftung entbunden wird, entweder durch die Schadloshaltung von seiten einer anderen Institution oder durch die Übernahme der Kosten für eine Haftpflichtversicherung.

Die Ausgestaltung von Erholungswaldgebieten wird — wie bereits mehrfach angedeutet — die Errichtung von Parkplätzen, die Neuanlage von Wegen, die Freihaltung von Wiesen als Spiel- und Liegewiesen u. dgl. erfordern. Hiezu ist eine Grundinanspruchnahme erforderlich, wofür von den betroffenen Grundeigentümern Verständnis erwartet werden sollte. Die Zurverfügungstellung aller dieser benötigten Flächen wird aber — so wie bei allen anderen Fällen der Inanspruchnahme von Grund für öffentliche Zwecke — die Zahlung von Ablösebeträgen zur Voraussetzung haben — durch die Abgeltung des entgehenden wirtschaftlichen Ertrages, durch Anpachtung der Flächen oder nötigenfalls auch durch Ankauf.

Bei der wirtschaftlichen Behandlung der Waldbestände werden fallweise Rücksichtnahmen auf die Zielsetzungen des Erholungsverkehrs am Platze sein. So wird es manchmal notwendig werden, im Aufstellungsbereich von Bänken und Sitzgruppen Bestandesauflichtungen vorzunehmen, um den Beschattungsgrad den Wünschen der Besucher anzupassen; ebenso wird es im Verlaufe von Wanderwegen, aber auch im Bereich von Sitzgruppen manchmal wünschenswert sein, Aushiebe in den Waldbestand einzulegen, um innerhalb größerer geschlossener Waldbestände Sichtschneisen zu schaffen oder ganz bestimmte Blicke freizugeben. In der Regel werden derartige Aushiebe nicht auf Dauer von Nachwuchs freigehalten werden müssen, sondern es kann bei heranwachsender Kultur durch örtliche Verlagerung der freigehaltenen Flächen derselbe Effekt erzielt werden. Der Nutzungsentgang, der dem Wirtschaftsbetrieb durch derartige Rücksichtnahmen erwächst, wird in der Regel schwierig feststellbar sein und sich auch in bescheidenen Größenordnungen halten. Wo aber deutliche Nachteile für den Wirtschaftsbetrieb entstehen, wird auch in diesen Fällen der Waldeigentümer mit Recht eine Abgeltung hiefür verlangen können.

Der Holzerntebetrieb birgt in allen seinen Phasen sehr erhebliche Unfallgefahren in sich. Das gilt nicht nur für die dabei beschäftigten Arbeiter, sondern im verstärkten Maße für außenstehende Personen, die sich solchen Arbeitsstätten nähern. Denn sie besitzen keinerlei Einblick in den Ablauf des Geschehens und können daher von niederstürzenden Bäumen, von in Bewegung befindlichen Stämmen, von weit ausschwingenden Seilen u. dgl. leicht und unvermutet erfaßt werden. In stark begangenen Waldteilen muß der Holzerntebetrieb daher mit besonderer und zusätzlicher Vorsicht abgewickelt werden, weil auch bei gewissenhaftem Aufstellen von Warnungstafeln rund um die Arbeitsstätte das Auftauchen von Waldbesuchern im unmittelbaren Arbeitsbereich nicht ausgeschlossen werden kann. Diesbezügliche Erschwernisse bei der Holzernte, insbesondere auch die Kosten für das in Einzelfällen nötige Aufstellen von Warnposten, müssen dem Forstbetrieb rückvergütet werden.

Wegen der vorauszusetzenden Unkenntnis der biologischen und technischen Zusammenhänge treten bei der intensiven Begehung von Waldflächen immer wieder Beschädigungen von Kulturen und Betriebseinrichtungen auf, die keinesfalls böswilliger oder grobfahrlässiger Art sein müssen. Diese Beschädigungen können auch durch kontinuierliche Aufklärung der Bevölkerung nicht zur Gänze verhindert werden. Vor allem ist hiebei an die Entstehung von Waldbränden zu denken, die trotz alljährlich wiederkehrender Warnaktionen in Ausflugsgebieten erhebliche Schäden im Wald verursachen. Da der einzelne Verursacher solcher Schäden in der Regel nicht identifiziert werden kann, erscheint das Verlangen der Waldeigentümer billig, daß ihnen in geeigneter Weise der Ersatz solcher Schäden von vornherein zugesichert wird; das kann auch durch die Übernahme der Prämienkosten für eine Waldbrandversicherung geschehen. Die starke Inanspruchnahme von Waldflächen für den Ausflugs- und

Erholungsverkehr bringt also eine ganze Reihe von Konfrontationen zwischen Waldbestand und Wirtschaftsbetrieb auf der einen Seite und städtischer Bevölkerung auf der anderen Seite mit sich, die — wie vielfache Erfahrungen zeigen — die aufsichtsführende und ordnende Einwirkung durch das örtliche Forstpersonal notwendig macht. Dieses Forstpersonal hat in der Regel durch seine Beeidigung als Forstschutzorgan den Status einer öffentlichen Wache und ist somit befähigt, in den weiten, unübersichtlichen Waldgebieten die Aspekte der öffentlichen Ordnung und Sicherheit wahrzunehmen. Soweit solche Dienste nicht von anderen öffentlichen Organen (z. B. Naturwacht) übernommen werden, und zwar auch in einem solchen Umfang, wie es für die Erfordernisse des Forstbetriebes und für den Schutz des Waldeigentums notwendig ist, werden also die Forstorgane auch außerhalb der normalen Betriebszeiten, insbesondere an Wochenenden und an Feiertagen, ihren Aufsichtsdienst im Wald versehen müssen. Es erscheint verständlich, daß seitens der Forstbetriebe für einen solchen vermehrten, nicht durch den Betriebsablauf bedingten Personaleinsatz ein Kostenrückersatz verlangt wird.

Aus den vorstehenden, keinesfalls vollständigen Hinweisen läßt sich ableiten, daß die Ordnung und sinnvolle Gestaltung des Erholungsverkehrs im Wienerwald eine ganze Anzahl von Koordinationserfordernissen zwischen der Forstwirtschaft einerseits und den Erholungssuchenden bzw. dem diesbezüglichen Interessensbereich nach sich zieht. Hiezu wird es unausbleiblich sein, die für den Forstbetrieb entstehenden wirtschaftlichen Nachteile und betrieblichen Erschwernisse anzuerkennen und finanziell abzugelten, es wird aber seitens der Forstbetriebe auch unerläßlich sein, den öffentlichen Interessen, die mit einer Verbesserung der Erholungsnutzung im Wienerwald verbunden sind, entsprechendes Verständnis entgegenzubringen, die notwendigen betrieblichen Rücksichten an den Tag zu legen und an einer echten Synthese der beiden Nutzungsarten mitzuwirken. Gerade durch die aktive Teilnahme an der Planung aller Gestaltungsmaßnahmen und an der verantwortlichen Leitung von diversen Abläufen können Waldeigentümer und Forstleute ganz wesentliche Beiträge zum Gelingen projektierter Entwicklungen beitragen.

Im Gegensatz zu all den bisher geschilderten Rücksichtnahmen und zwingenden Einwirkungen gibt es aber auch eine ganze Reihe von Fragen, in denen ein Abgehen von den forstlichen Bewirtschaftungsgrundsätzen im Wienerwald nicht befürwortet werden kann, weil es mit den tatsächlichen Erfordernissen des Erholungsverkehrs nicht unmittelbar motivierbar ist. Dies gilt für Fragen der Holzartenwahl, für die technische Rationalisierung des Holzerzeugungsbetriebes und — mit bestimmten Einschränkungen — für die Anwendung von Herbiziden zur Jungwuchspflege.

Zahlreiche Untersuchungen und Meinungsbefragungen haben gezeigt, daß die Waldbesucher keinesfalls eine fixe Wunschvorstellung hinsichtlich der Holzartenzusammensetzung in Erholungswaldungen haben und daß keinesfalls der reine oder dominierende Buchenwald die Idealvorstellung schlechthin ist. Eine maßvolle Veränderung der Holzartenzusammensetzung im Wienerwald, die aus betriebswirtschaftlichen Überlegungen wünschenswert erscheint und mit den standörtlichen Möglichkeiten und den Erfordernissen einer krisenfesten Bestockung in Einklang steht, könnte daher ohne Bedenken durchgeführt werden, weil dadurch die Interessen der erholungssuchenden Bevölkerung keinesfalls nachteilig berührt werden.

Auch eine allfällige Verstärkung des Maschineneinsatzes bei der Holzerzeugung im Wienerwald sollte nicht aus Rücksichtnahme auf die erholungssuchende Bevölkerung unterbunden werden. Es wurde dargelegt, daß die Aufrechterhaltung eines forstlichen Wirtschaftsbetriebes die Durchführung von technischen Rationalisierungsmaßnahmen erfordert, weil sonst die Kosten des Betriebes durch die Einnahmen nicht mehr gedeckt werden könnten.

Bei richtiger Organisation muß es aber ohne Schwierigkeiten möglich sein, die Besucher des Wienerwaldes temporär von solchen Arbeitsflächen abzuhalten, ohne daß die Erholungsmöglichkeiten im Wienerwald dadurch spürbar eingeengt oder nachteilig beeinflußt würden.

Hinsichtlich des Herbizideneinsatzes wurde der Grundsatz herausgestellt, daß die Schädlichkeit oder Unschädlichkeit dieser Mittel generell geprüft und beurteilt werden muß und daß das Ergebnis solcher Prüfungen sodann nicht nur für den Wienerwald, sondern für den gesamten österreichischen Wald entsprechend Beachtung zu finden hätte.

d) *Laufende Betreuung*

Ohne auf Details eingehen zu wollen, muß nachdrücklich festgestellt werden, daß die Gestaltung eines Erholungsraumes auch die Sicherstellung einer ständigen Betreuung und Pflege (z. B. Entleerung der Abfallkörbe, Instandhaltung der Wege u. v. a. m.) erfordert, daß also mit der Erholungsnutzung ein „Betrieb" entsteht, der kontinuierliche Anforderungen stellt.

5.3 Rechts-, Organisations- und Finanzfragen

Die wirtschaftlichen Verhältnisse und die Voraussetzungen für die Erholung der Bevölkerung im Wienerwald zu verbessern, damit gleichzeitig auch die erforderlichen Gestaltungsmaßnahmen im Erholungswald durchzuführen, ist eine Aufgabe, der in der praktischen Verwirklichung außerordentlich viele Schwierigkeiten entgegenstehen. Diese Schwierigkeiten sind auch Ursache dafür, daß trotz zahlreicher positiver Äußerungen verantwortlicher Persönlichkeiten und Institutionen, den Wienerwald und seine Entwicklung fördern zu wollen, in den letzten Jahren tatsächlich sehr wenig geschehen ist. Die erwähnten Schwierigkeiten sind vor allem in der außerordentlich komplizierten Überlagerung von Interessensbereichen und Kompetenzen zu suchen, deren Entflechtung bisher noch nicht gelungen ist. Ein Projekt zur Ausgestaltung des Wienerwaldes als Erholungsraum und zur Förderung der darin möglichen wirtschaftlichen Aktivitäten muß daher auch Vorschläge für die Vorgangsweise auf rechtlichem und organisatorischem Gebiet enthalten, da anders eine praktische Verwirklichung der angeregten Gestaltungsmaßnahmen nicht erwartet werden und eine sinnvolle Zusammenarbeit der in Frage kommenden, potenten wirtschaftlichen und politischen Kräfte nicht in die Wege geleitet werden kann.

Die angedeutete Überlagerung von Interessensbereichen und Kompetenzen wird u. a. durch folgende Sachverhalte charakterisiert:

Das Gros der erholungssuchenden Bevölkerung lebt und wohnt in Wien und bezahlt hier seine Steuern. Das Gros des Erholungsgebietes liegt in Niederösterreich bzw. in 47 Gemeinden dieses Landes. Das Land Niederösterreich und seine Gemeinden erhalten von diesen Erholungssuchenden unmittelbar keinerlei Steuern oder Abgaben. Die Einnahmen, die diesen Gebietskörperschaften allenfalls durch die Belebung des Fremdenverkehrs im Wienerwald zufließen könnten, werden sehr bescheiden sein, da der Tagesausflugsverkehr verhältnismäßig geringe Geldmittel in den Ausflugsgebieten zurückläßt. Dem Land Niederösterreich und den niederösterreichischen Gemeinden fallen aber alle Kosten zu, die sich aus der Durchführung von Aufschließungsmaßnahmen jeglicher Art in diesem Gebiet für die öffentliche Hand ergeben.

Die Erholung im Wienerwald spielt sich zu einem großen Teil auf land- und forstwirtschaftlichen Betriebsflächen, insbesondere im Walde ab. Der Wald ist aber ein Betriebsobjekt, das im Zeitalter der Technisierung und der zwingenden betriebswirtschaftlichen Rationalisierung immer stärker nach eigengesetzlichen Gesichtspunkten bewirtschaftet werden muß, die sich vielfach nicht mit den Vorstellungen der Erholungssuchenden von unbegrenzter Bewegungsfreiheit, von Ruhe und Abgeschiedenheit, decken. Die Eigentümer land- und forstwirtschaftlicher Betriebe bewirtschaften ihre Flächen in ihrer Eigenschaft als private Wirtschaftsunternehmer verständlicherweise nach den Grundsätzen, die sich aus dem Wirtschaftsablauf als erforderlich herausstellen, und tätigen nur solche Aufwendungen, die für den Wirtschaftsbetrieb nützlich sind. Die Anforderungen der Erholungssuchenden an das land- und forstwirtschaftlich genutzte Gebiet gehen aber vielfach darüber hinaus (z. B. Anlage besonderer Wanderwege, Schaffung von Parkplätzen, von Sitzgruppen u. dgl.). Während der Erholungssuchende das Vorhandensein derartiger Gegebenheiten als selbstverständlich ansieht, kann vom Grundeigentümer nicht erwartet werden, daß er Aufwendungen für Abläufe aus eigenem tätigt, von denen er keinerlei Einnahmen oder Kostenrückersätze zu erwarten hat.

Die sinnvolle Ausgestaltung eines Erholungsgebietes erfordert eine koordinierte Vorgangsweise in bezug auf privatwirtschaftliche und gemeinwirtschaftliche Gestaltungsmaßnahmen. Während ein großer Teil der Aufschließungserfordernisse (Straßen, Parkplätze, Wege u. dgl.) in die gemeinwirtschaftliche Sphäre fällt, werden viele erforderliche Einzelmaßnahmen (z. B. Errichtung von Raststätten, von Reitställen u. dgl.), die im Rahmen eines sinnvollen Gesamtkonzeptes unerläßlich sind, nur über privatwirtschaftliche Initiative zu realisieren sein.

Auch die Einwirkung der Öffentlichkeit und des Staates werden nicht nur öffentlichrechtliche Maßnahmen, sondern auch Maßnahmen der Privatwirtschaftsverwaltung des Bundes, der Länder oder der Gemeinden zur Folge haben. So können etwa die Gesichtspunkte der Landschaftserhaltung und Landschaftspflege nicht allein durch Wahrnehmung der naturschutzrechtlichen Vorschriften sichergestellt werden, sondern müssen darüber hinaus die Mittel und die Arbeitskräfte bereitgestellt werden, um gewisse Erhaltungsmaßnahmen in der Landschaft (z. B. die Freihaltung von nicht mehr landwirtschaftlich genutzten Tal- und Waldwiesen, die Reinigung bestimmter Landschaftsteile von Unrat u. dgl.) zu ermöglichen. Dabei werden solche Maßnahmen — um mit den vorhandenen Geldmitteln möglichst sparsam und rationell umgehen zu können — sehr streng nach betriebswirtschaftlichen und ökonomischen Gesichtspunkten zu planen und durchzuführen sein.

Aus Erfahrungen, die in vielen anderen, ähnlich gelagerten Fällen im In- und Ausland gewonnen werden konnten, ist zu erkennen, daß eine Entflechtung dieses Beziehungsgefüges und der verschiedenen Kompetenzen am besten durch die Schaffung einer eigenen Trägerorganisation geschehen kann, in der alle beteiligten Interessensbereiche und Institutionen vereinigt sind und die damit nicht nur zu einem Interessenausgleich, sondern auch zu einer Steuerung des Finanzierungsflusses geeignet erscheint. Im besonderen ist in diesem Zusammenhang auf die verschiedenen vereinsrechtlichen Trägerorganisationen der deutschen Naturparke, ebenso aber auch auf die Naturparketräger österreichischer Prägung (vor allem im Bundesland Niederösterreich), weiters auch auf den „Verein zur Sicherstellung der überörtlichen Erholungsgebiete in den Landkreisen um München" zu verweisen. Alle derartigen Organisationen sind einerseits als Planungsträger für einen bestimmten Erholungsraum aufgetreten, andererseits haben sie die in den verschiedenen Interessensbereichen aufgebrachten finanziellen Mittel zur Verwaltung übernommen und damit die Durchführung der einvernehmlich geplanten Maßnahmen ermöglicht. Durch das Vorhandensein einer einzigen Abwicklungsinstitution war eine konzentrierte Vorgangsweise mit einer gewissen unternehmerischen Eigendynamik möglich. Mit der Trägerorganisation ist aber gleichzeitig auch jene Rechtsperson vorhanden, die gegenüber Grundeigentümern und sonstigen wirtschaftlichen Interessensbereichen zur Wahrnehmung der Interessen der Erholungssuchenden sowie zur Sicherung der projektierten Abläufe auftreten kann und für langfristige Abwicklungen rechtsverbindliche Vereinbarungen abzuschließen in der Lage ist.

Zur Lösung der Wienerwald-Probleme sollte vor allem das Beispiel der erwähnten Münchner Konstruktion beitragen, da auch dort die Konfrontation einer Millionenstadt mit der von ihr verwaltungsmäßig abgetrennten Umgebung zu bewältigen war. Zudem hat dieses Beispiel in Österreich in abgewandelter Form bereits Nachahmung erfahren: Die unter Mitwirkung des Verfassers und in Zusammenarbeit mit der Arbeitsgemeinschaft für Naturparke und Erholungslandschaften gegründeten Körperschaften „Verein Naturpark Untersberg“ und „Verein Erholungswald Kürnberg“ haben jeweils die Gestaltung des Erholungsraumes im Umland der Städte Salzburg und Linz zum Ziel. Die Vereine haben erste Etappen der Gestaltungsarbeit bereits abgeschlossen und kann am Modell dieser beiden Institutionen gezeigt werden, wie konstruktiv und erfolgreich die Zusammenarbeit von Land, Großstadt, Umgebungsgemeinden, Interessenvertretungen (Kammern), freien Vereinigungen (z. B. alpine Vereine, Naturschutzbund) und Grundbesitzern, die alle als Mitgliedsinstitutionen agieren, bei der Verwirklichung der Vorhaben im Erholungsraum ist.

Will man daraus für den Bereich des Wienerwaldes Analogien ableiten, so würde dies zur Schaffung eines Trägervereines „Erholungsraum Wienerwald“ oder in Fortführung der angedeuteten Gedankengänge und allmählich eingelebten Begriffe eines „Naturparkevereins Wienerwald“ führen.

Aufgabe des Vereines soll die Verbesserung der naturräumlichen Gegebenheiten, der Lebensbedingungen, der Wirtschaftskraft, und insbesondere der Erholungsmöglichkeiten im Wienerwald sein, dabei vor allem

a) die Planung aller zur Verbesserung der Erholungsmöglichkeiten im Wienerwald wünschenswerten Gestaltungsmaßnahmen bzw. die Vergabe diesbezüglicher Planungs- und Projektierungsaufträge an geeignete Fachleute und fachliche Institutionen;

b) die Vertretung diesbezüglicher Vorhaben gegenüber zuständigen Gebietskörperschaften, Interessensvertretungen, Wirtschaftsunternehmungen und Einzelpersonen mit dem Ziel, eine Realisierung durch diese Stellen zu erreichen;

c) die Verwirklichung von Verbesserungs- und Gestaltungsmaßnahmen aus Eigenmitteln des Vereines;

d) die Erhaltung von Einrichtungen im Erholungsraum und die Abwicklung laufender Arbeiten, die im Zusammenhang mit der Erholungsnutzung stehen (insbesondere Ordnungs- und Reinigungsarbeiten);

e) der Ankauf, die Anpachtung oder sonstige rechtliche Sicherung von Flächen, deren Inanspruchnahme für Maßnahmen gemäß c) und d) notwendig ist;

f) der Abschluß von Vereinbarungen mit Grundeigentümern, Wirtschaftsunternehmungen und Körperschaften, die zur Sicherung einer möglichst günstigen Nutzung des Wienerwaldes für Erholungszwecke zur Inanspruchnahme von privatem Grund, zur Herstellung oder Aufrechterhaltung bestimmter baulicher oder landschaftlicher Zustände, zur Durchführung von Räumungs- und Instandhaltungsarbeiten u. ä., erforderlich werden; dabei auch Festlegung einer Abgeltung von Wirtschaftserschwernissen, Schädigungen, erhöhten Risken und Ertragsverlusten an Wirtschaftsunternehmungen aus Vereinsmitteln, wenn dies zur Ordnung des Erholungsverkehrs und seiner Auswirkungen notwendig ist;

g) die Zusammenarbeit mit allen Institutionen und Einzelpersonen, insbesondere auch mit Zusammenschlüssen wirtschaftlicher Art, denen die Förderung des Wienerwaldes ein Anliegen ist;

h) die Werbung, Aufklärung und Information über den Erholungsraum Wienerwald.

Mitglieder des Vereines sollen die Bundesländer Wien und Niederösterreich, die im Wienerwald liegenden niederösterreichischen Gemeinden und der Niederösterreichische Gemeindebund, weiters die Landwirtschaftskammern, Handelskammer und Arbeiterkammer der Bundesländer Wien und Niederösterreich, die Österreichischen Bundesforste sowie juristische Personen mit speziellen Zielen der Interessensvertretung im Wienerwald werden.

Die Finanzierung soll im Rahmen der Satzungen, weil mit der Mitgliedschaft in Zusammenhang stehend, geregelt werden, wobei die Hauptlast die Gebietskörperschaften, etwa im Verhältnis der Bewohner von Wien und von den Wienerwald-Gemeinden, zu tragen hätten. Es ist selbstverständlich, daß darüber hinausgehend der Verein einen namhaften Bundeszuschuß zu seiner Tätigkeit anstreben soll, weil die Sicherung eines solchen überörtlichen Erholungsraumes, noch dazu als Grünraum für die Bundeshauptstadt und für eines der größten industrie- und siedlungstechnischen Ballungszentren des gesamten Bundesgebietes, zweifellos auch in den Aufgabenbereich des Bundes z. B. im Rahmen seiner land- und forstwirtschaftlichen Förderungsmaßnahmen, seiner Maßnahmen zur Förderung der Gesundheit der Bevölkerung, des Fremdenverkehrs, der Strukturpolitik und zur Förderung unterentwickelter Gebiete fällt, nicht zuletzt aber auch nach den Bestimmungen des Bundesgesetzes zur Verbesserung der Schutz- und Erholungswirkungen des Waldes (BGBl. Nr. 371/71), das für derartige Vorhaben die Vergabe von Bundesmitteln in der Höhe von 50% der Kosten vorsieht, wenn örtliche Interessenten (eben auch Gemeinden) für die Aufbringung der übrigen, erforderlichen Beträge sorgen.

6 Anhang

BEISPIELE FÜR DETAILPLANUNGEN

Detailplanung Purkersdorf-Rudolfshöhe

Der Planungsraum liegt südlich der Stadtgemeinde Purkersdorf. Seine Begrenzung ergibt sich im Norden durch die Bundesstraße 1, im Westen durch die Straße von Purkersdorf über den Deutschwald nach Baunzen, im Süden bzw. Südosten durch die Westautobahn und im Osten durch den Lainzer Tiergarten. Der größte Teil des Waldgebietes gehört der Stadtgemeinde Wien, der nordwestliche Waldteil mit der dort befindlichen Schöffel-Warte befindet sich im Eigentum der Stadtgemeinde Purkersdorf. Das Planungsgebiet ist durch ein insgesamt 6 km langes, markiertes Wegenetz zugänglich. Daneben bestehen noch weitere, hauptsächlich als Karrenwege ausgebildete forstliche Wirtschaftswege. Zum markierten Wegenetz zählt auch der vor einigen Jahren durch die Stadtgemeinde Purkersdorf errichtete Naturlehrpfad. Die Wege sind im allgemeinen in einem guten Zustand, sie lassen aber nur auf ganz kleinen Strecken schöne Ausblicke zu, da sie durch geschlossene Waldgebiete führen oder als Hohlwege ausgebildet sind.

Im Bereich des Naturlehrpfades befindet sich das Schöffeldenkmal, das gerade für Wienerwaldbesucher ein bemerkenswertes Ausflugsziel darstellen könnte. In der Nähe des Gasthauses in Deutschwald ist ein Kinderspielplatz eingerichtet worden.

Da der Planungsraum unmittelbar an der Wiener Stadtgrenze liegt, ist es bemerkenswert, daß er gegenwärtig vom Erholungs- und Ausflugsverkehr kaum berührt wird und in diesem Nahbereich vom Stadtzentrum als einer der unberührtesten Landschaftsteile angesprochen werden kann. Die Ursache dafür dürfte einerseits in der Anbotskonkurrenz seitens des benachbarten Lainzer Tiergartens liegen, andererseits aber auch in der geringen Erschließung des Gebietes, was nicht nur technisch, sondern auch organisatorisch (Parkplätze, Beschilderungen u. dgl.) und werbemäßig zu verstehen ist.

Dem Planungsraum, dem als Erholungsgebiet auch einige Nachteile (Autobahnnähe) anhaften, kommt bei der künftigen Ausgestaltung des Wienerwaldes vor allem deswegen Bedeutung zu, weil er für die Benützer öffentlicher Verkehrsmittel besonders günstig erreichbar ist. Diese Erreichbarkeit ist sowohl durch einige Haltestellen der Westbahn (Purkersdorf, Unter-Purkersdorf, Purkersdorf-Gablitz) wie auch durch Autobuslinien gegeben. Besonders vorteilhaft aber ist die Benützung der Staßenbahnlinien 49 mit anschließender Weiterfahrt mit einem Bus der ÖBB bis Weidlingau, da auf diese Weise der Planungsraum mit einem normalen Straßenbahntarif erreicht werden kann. Wenn man neben dem Lainzer Tiergarten, der ein Erholungsgebiet besonderer Art darstellt und von manchen Erholungssuchenden möglicherweise auch wegen des dort zu erlegenden Eintrittsgeldes nicht ständig aufgesucht wird, sowie neben den bereits bestehenden, am Stadtrand oder an der Stadtgrenze liegenden Naherholungsgebieten, die jedoch alle schon

Abb. 24: Detailplanung Purkersdorf-Rudolfshöhe

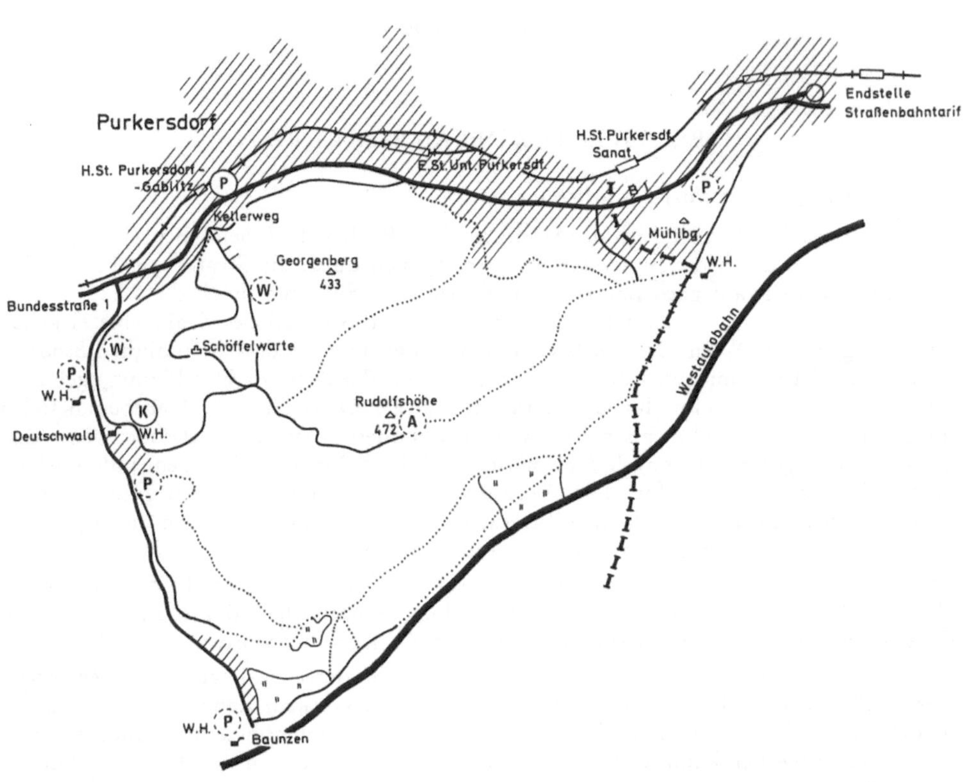

Wege im guten Zustand
neu zu planende und auzubauende Wege
öffentliche Straßen
Eisenbahnlinie
bebautes Gebiet
geplante Erholungseinrichtungen
bestehende Erholungseinrichtungen

P Parkplätze
K Kinderspielplatz
W Waldlehrpfad
A Aussichtsturm

sehr stark frequentiert, ja sogar überlaufen sind, ein neues, gegenwärtig noch völlig unbenütztes Erholungsgebiet für die nicht motorisierte Bevölkerung erschließen will, dann käme der Planungsraum zweifellos hiefür als geeignetes Objekt in Frage. Für eine solche Erschließung werden in der angeschlossenen Kartendarstellung detaillierte Vorschläge gemacht, wobei auf Einzelheiten der technischen Gestaltung hier ebensowenig eingegangen werden kann wie auf alle generellen Maßnahmen der Organisation, der Orientierungshilfen, der Werbung und dergleichen, die im Zusammenhang mit der Planung eines solchen Erholungsgebietes aber von großer Bedeutung sind.

Bei der Detailplanung wurde berücksichtigt, daß verschieden lange Rundwanderwege zur Verfügung stehen, die auch einen verschiedenen Schwierigkeits-(steigungs-)grad aufweisen. Ebenso wurde der Naturlehrpfad mit dem Schöffelstein als zentraler Bestandteil des Wegenetzes mit einbezogen. Den Wegen zugeordnet sind Zu- und Abfahrtsmöglichkeiten mit Bahn und Bus, da das Gebiet — wie bereits erwähnt — für den Besuch nichtmotorisierter Gäste interessant erscheint. Für die Anlage der Wege und dem Ablauf des Erholungsverkehrs ist aber auch das Vorhandensein der Gaststätten in Deutschwald und Baunzen ebenso wie das Vorhandensein von 2 öffentlichen Bädern in Purkersdorf von Bedeutung. Natürlich ist der Besuch von Ausflüglern, die mit Pkw ankommen, nicht auszuschließen, weshalb der Ausgestaltung von Parkplätzen ebenfalls ein Augenmerk zuzuwenden ist.

Im einzelnen wäre noch zu bemerken: durch die Aufnahme eines „Kleinbus-Taxibetriebes" seitens einer Interessensgemeinschaft der gastgewerblichen Betriebe in Deutschwald zur Eisenbahnhaltestelle Purkersdorf-Gablitz würde eine Verbindung zwischen den zwei wichtigsten Ausgangspunkten für Wanderung innerhalb des Planungsgebietes hergestellt und ein Anschluß an das Netz öffentlicher Verkehrsmittel geboten werden. Auch für Pkw-Benützer bestünde auf diese Weise die Möglichkeit, den Ausgangspunkt ihrer Wanderung und somit den Standplatz ihres Autos zu erreichen.

Die im Verlauf eines Rundwanderweges liegende Glasgrabenwiese schließt unmittelbar an die Autobahn an und ist damit dem Autobahnlärm ausgesetzt. Trotzdem sollte versucht werden, durch eine einfache Ausgestaltung als Spielwiese vor allem den oberen (nördlichen) Teil der Wiese dem Ausflugsverkehr nutzbar zu machen. Daneben wäre es sinnvoll, im unteren Drittel durch die Anlage eines etwa 15 m breiten Baumstreifens eine Sicht- und Lärmschutzblende zu errichten.

Zweckmäßigerweise sollte die Ausgestaltung dieses Gebietes als Erholungsraum in zwei Etappen durchgeführt werden. Durch die Anlage, Beschilderung und Propagierung von Rundwanderwegen, weiters durch die Schaffung einiger Parkplätze, weiters durch die Errichtung von Sitzgruppen und Bänken sowie durch die Anlage von Sichtschneisen im dichten Waldgebiet könnte vorerst mit wenigen Aufwendungen dieser Raum den Erholungssuchenden erschlossen und angeboten werden. Erst wenn diese Bemühungen Erfolge zeitigen und der Bedarf der Wiener Bevölkerung nach diesem Erholungsgebiet deutlich wird, sollte in einer zweiten Ausbaustufe eine Intensivgestaltung vorgenommen werden, für welche noch eine ganze Reihe von Verbesserungen in Frage kämen. Unter anderem würde hiezu eventuell auch die Errichtung einer Aussichtswarte auf der Rudolfshöhe zählen.

Detailplanung Tulbingerkogel

Eine intensive Ausgestaltung der Landschaft als Erholungs- und Erlebnisraum sollte insbesondere an solchen Örtlichkeiten vorgenommen werden, die bereits durch irgendeine bestehende Einrichtung (Restaurationsbetrieb, Aussichtswarte o. ä.) zum Anziehungspunkt für eine größere Anzahl von Gästen geworden sind. Sehr viele Autofahrer, die den Wienerwald besuchen, ziehen die Fahrt zu irgendeinem bestimmten Zielpunkt vor. Wenngleich bei vielen dieser Autofahrer der Wunsch nach körperlicher Anstrengung, nach Bewegung in der Natur nicht übermächtig ist, so sind sie doch für diesbezügliche Anregungen dankbar und sollten solche — schon allein aus dem Grunde der damit verbundenen Gesundheitsvorsorge — in erhöhtem Maße angeboten werden. Die hier vorgeschlagene Detailplanung Tulbingerkogel soll als ein Beispiel für eine solche Intensivgestaltung auf kleinem Raum angesehen werden. Der Tulbingerkogel bietet als einer der beliebtesten Ausflugsziele des nördlichen Wienerwaldes schon heute eine Reihe von positiven Voraussetzungen für den Erholungsverkehr, insbesondere einen modern gestalteten Hotel- und Restaurationsbetrieb und die Leopold-Figl-Aussichtswarte. Da seitens der Hotelinhabung der Ausgestaltung dieses Gebietes Verständnis und Interesse entgegengebracht wird, wäre die Ausgestaltung dieses Raumes erwägenswert und hoffnungsreich.

Die Ausgestaltung sollte mit vier Zielrichtungen vorgenommen werden:

1. Für erholungssuchende Gäste, die kleinere Wanderungen, ein kurzes Verweilen in der Natur suchen und gleichzeitig eine Verköstigung, etwa zur Jausenzeit, aber auch zum Mittagessen, suchen. Solchen Gästen könnte beim Besteigen der Aussichtswarte, aber auch durch das Anbot von naturkundlichen Sammlungen ein zusätzlicher Einblick in Landschaft und Natur gegeben werden.

2. Familien mit Kindern sollte die Möglichkeit geboten werden, nach einem Waldspaziergang, nach einer Besteigung der Warte oder nach einer sonstigen Beschäftigung im Verlauf der Wanderwege, die Kinder auf einem Spiel- und Sportplatz tollen zu lassen, weil diese erfahrungsgemäß längere Wanderungen nicht so sehr lieben wie das ausgelassene Spielen auf größeren freien Flächen. Durch die Ausgestaltung der Spielwiese für verschiedene Altersklassen sollte diese einem möglichst großen Kreis von Kindern und Jugendlichen zugänglich und interessant gemacht werden. Die Anlage eines Turnpfades könnte unter Umständen auch Erwachsene dazu verleiten, für ihre körperliche Ertüchtigung zu sorgen.

3. Der Tulbingerkogel kann in Verbindung mit dem dort bereits etablierten Reitstall Zielpunkt für Freunde des Reitsportes werden. Durch die Anlage von verschiedenartigen Reitwegen in den Waldungen der Umgebung sollte der Reitsport gefördert und das Bereiten der Landschaft in geordnete Bahnen gelenkt werden. Die Ausweitung des Reitstalles mit einem Ponyreiten für Kinder oder mit sonstigen dazupassenden Attraktionen würde den Reiz des Tulbingerkogels für den in dieser Gruppe angesprochenen Personenkreis noch weiter erhöhen.

4. Durch die Errichtung einer Schiabfahrtstraße mit Schilift am Nordwest-Abhang des Tulbingerkogels könnte dieses Gebiet auch für den Winterausflugsverkehr aufgeschlossen werden. Bekanntlich sind gerade die Nordabhänge des nördlichen Wienerwaldes relativ schneereich und würde daher im Zusammenhang mit dem bereits bestehenden Restaurationszentrum Tulbingerkogel die Errichtung einer solchen Schiabfahrt zweifellos rechtfertigen. In Verbindung damit sollten in der umliegenden Waldlandschaft Langlaufloipen angelegt werden, um den weniger beweglichen Wintergästen ein ruhiges und besonders gesundes Schiwandern zu ermöglichen. Auf diesem Gebiet wäre noch viel zu tun, um der Stadtbevölkerung das Erwandern der winterlichen Landschaft nahezubringen; diesbezügliche Aktivitäten wären daher als bahnbrechend anzusehen und zu unterstützen.

Auch im Falle dieser Detailplanung kann in dem hier vorgegebenen Rahmen auf die damit zusammenhängenden detaillierten technischen und organisatorischen Fragen, aber auch auf das erforderliche Zusammenwirken von Grundeigentümer, Fremdenverkehrsbetrieb, Reitstallbesitzer und Gebietskörperschaften nicht näher eingegangen werden. Die Detailplanung sollte lediglich an Hand eines realen Beispiels Ansatzpunkte und Möglichkeiten für eine Intensivgestaltung aufzeigen und die damit zusammenhängenden Aufgabenstellungen skizzieren.

TABELLEN

Bevölkerung und Berufstätige

Ger.-Bezirk	Fläche (km²)	Bev. 71 km²	Ew/	Berufstätige 71 Summe	L. u. Fw.	Agrarquote in % 61	71	Änd. 61—71
Baden	260,95	46.877	180	30.325	1.128	7,0	3,7	—47,1
Pottenstein	163,59	17.866	109	11.489	545	7,4	4,7	—36,5
Mödling	203,53	66.504	327	42.494	1.156	5,7	2,7	—52,6
Neulengbach	192,53	15.012	109	9.116	1.278	24,2	14,0	—42,1
Tulln	150,92	13.489	89	7.795	696	18,6	8,9	—52,2
Klosterneuburg	76,08	21.912	288	14.273	217	3,2	1,5	—53,1
Purkersdorf	165,20	15.484	94	9.711	314	5,6	3,2	—42,8
Summe	1212,80	197.144	162	125.769	5.334	8,1	4,2	—47

Quelle: Volkszählung 1971.

Waldverhältnisse

Ger.-Bezirke	Waldfläche (ha)	Bewaldungsprozent %
Baden	15.490	59
Pottenstein	10.801	62
Mödling	10.656	52
Neulengbach	6.524	34
Tulln	6.243	41
Klosterneuburg	4.224	55
Purkersdorf	12.432	75
Wien	5.244	33
Summe	71.614	52

Quelle: Bundesamt für Eich- und Vermessungswesen, Kulturflächenausweis 1971.

Land- und forstwirtschaftliche Betriebe

Ger.-Bezirk	Zahl der Betriebe			%	Zahl der Betriebe nach Größe				
	1951	1960	1970	51 = 100	—2ha	2—5ha	5—20ha	20—100ha	+100ha
Baden	1933	1653	1213	63	654	218	256	75	10
Pottenstein	714	649	476	67	118	65	101	178	16
Mödling	1778	1515	1081	61	603	240	171	59	9
Neulengbach	1557	1393	1242	80	239	186	507	304	6
Tulln	1382	1101	800	58	213	152	298	131	6
Klosterneuburg	554	458	258	47	165	48	36	7	2
Purkersdorf	491	332	227	46	62	54	90	15	6
Summe	8409	7102	5297	62,9	2054	963	1459	769	55
Veränderung zu 1951 in % (1951 = 100)					52	56	68	124	81

Quellen: Land- und forstwirtschaftliche Betriebszählungen 1951, 1960, 1970.

Land- und forstwirtschaftliche Betriebsstruktur

Ger. Bezirk	Betriebszahl				Waldfl. in % der Gesamtfl. d. Betriebe		
	Voll-	Zu- Erwerbsbetriebe	Neben-	Jur. Pers.	Voll-	Zu- Erwerbsbetriebe	Neben-
Baden	449	167	571	26	27	25	23
Pottenstein	220	22	214	20	53	38	43
Mödling	520	120	403	38	40	7	53
Neulengbach	680	85	445	32	39	26	42
Tulln	369	56	341	34	23	16	36
Klosterneuburg	90	4	155	9	13	5	15
Purkersdorf	86	18	107	16	32	1	10
Summe	2414	472	2236	175	36	21	34

Quellen: Land- und forstwirtschaftliche Betriebszählung 1970.

LITERATURVERZEICHNIS

Allgemeines

A r n b e r g e r E. Buch vom Wienerwald, Verlag für Jugend und Volk, Wien 1952.

B u c h w a l d K. Handbuch für Landschaftspflege und Naturschutz

E n g e l h a r d W. Band I—IV, BLV-Verlagsgesellschaft, München-Basel-Wien, 1969.

T o m i c z e k H. Die Wiener Erholungswälder, Der Aufbau, 25. Jg. 1970, Heft 7/8, herausgegeben vom Stadtbauamt Wien.

— Jagd in Österreich, Herausgeber, Verleger Herbert St. Fürlinger, Wien-München-Zürich, 1964.

— Atlas der Republik Österreich — Öst. Akademie der Wissenschaften, Freytag Berndt, Wien 1960.

— Erholungsflächen. Der Aufbau, 25. Jg. Heft 7/8, herausgegeben vom Stadtbauamt, Wien.

— Der Wienerwald — Erholungsbedeutung, Wirtschaftsstruktur und Siedlungsdynamik — Veröffentlichung des Institutes für Raumplanung, Wien 1959.

— Strukturanalyse des österreichischen Bundesgebietes, Band I, II und Kartenband, Österr. Gesellschaft für Raumforschung und Raumplanung, Springer Verlag, Wien 1970.

— Naturparke-Programm 1973, Allgemeine Forstzeitung, 83. Jg. Folge 12, Agrarverlag Wien.

— „Wetter und Leben", Sonderheft III, Teil 1955—59, Klima und Bioklima von Wien, Verlag der österr. Gesellschaft für Meteorologie, Wien.

— Purkersdorfer Stadterhebung, herausgegeben von der Stadtgemeinde Purkersdorf 1967.

— Kulturflächenausweis des Bundesamtes für Eich- und Vermessungswesen, 1971, 1972.

— Land- und Forstwirtschaftliche Betriebszählung, 1951, 1960, 1970, Sonderhefte Wien und Niederösterreich, herausgegeben vom Österr. Statistischen Zentralamt.

— Österreichische Volkszählung 1971, Sonderheft Niederösterreich, herausgegeben vom Österr. Statistischen Zentralamt.

Waldbau, Waldstandorte

J e l e m H. Standorte und Waldgesellschaften im östlichen Wienerwald. Eine Grundlage für Forstwirtschaft und Raumplanung. Forstliche Bundesversuchsanstalt Wien, Heft 24, Band 1, Wien 1969.

L a n g H. P. Grundlagen zur Baumartenwahl im Vorderen Flysch-Wienerwald. Waldbauliche Folgerungen mit besonderer Berücksichtigung der standortskundlichen Grundlagen und der Möglichkeit der Eichennachzucht zur Ertragssteigerung. Dissertation Hochschule für Bodenkultur, Wien 1967.

— Waldbauliche Grundlagen für die Eichenwertholzproduktion im nordöstlichen Flysch-Wienerwald.

M a y e r H. Centralblatt für das gesamte Forstwesen, 1968.

— Überlegungen zu einem Waldbaukonzept für die Buchenwaldstandorte des Vorderen Wienerwaldes. Allgemeine Forstzeitung, Wien 1/1969.

— Zur Ertragswald- und Erholungswaldbewirtschaftung im Buchenwaldstandort im vorderen Wienerwald. Allgemeine Forstzeitung, Wien 1967.

— Standortskartierung im südöstlichen Wienerwald (Kalkgebiet) Generaldirektion der Österr. Bundesforste; Abteilung für Forsteinrichtung und Waldbau, Wien 1968.

— Standortskartierung im westlichen Wienerwald — Generaldirektion der Österreichischen Bundesforste; Abteilung für Forsteinrichtung und Waldbau, Wien 1967.

— Unterlagen für den Österreich-Atlas der Österr. Akademie der Wissenschaften.

— Österreichische Waldstandsaufnahme 1952 bis 1956, herausgegeben vom Bundesministerium für Land- und Forstwirtschaft und von der Forstlichen Bundesversuchsanstalt — Wien 1961.

Waldbesucherbefragungen

H a h n s t e i n U. Über die Gewohnheiten, Ansichten und Wünsche der Waldbesucher, Allgemeine Forstzeitschrift, München 27/1967.

K e t t l e r D. Die Erholungsnachfrage in stadtnahen Wäldern, dargelegt am Beispiel der Räume Stuttgart, Karlsruhe, Heidelberg und Mannheim — Mitteilungen der Baden-Württembergischen Forstlichen Versuchs- und Forschungsanstalt, Heft 27, 1970.

M a y e r H. Soziologische Aspekte der Erholungswaldgestaltung im Wienerwald, Allgemeine Forstzeitung, Wien 10/1969.

Fremdenverkehr

G l ü c k P. Wald und Fremdenverkehr in Österreich. Centralblatt für das gesamte Forstwesen, Wien Lg. 86 (1969).

R u p p e r t K. — M a i e r J. Geographie und Fremdenverkehr; Wissenschaftliche Aspekte des Fremdenverkehrs, Veröffentlichungen der Akademie für Raumforschung und Landesplanung, Band 53, Gebrüder Janecke, Verlag Hannover 1969.

— Der Fremdenverkehr in Niederösterreich, Berichtsjahr 1969. Amt der niederösterreichischen Landesregierung, Heft 15, Wien 1970.

— Landesentwicklungskonzept Niederösterreich — Fremdenverkehr. Österr. Institut für Raumplanung; verfaßt im Auftrag des Amtes der n. ö. Landesregierung, Wien 1970.

Gestaltungsmaßnahmen

K e t t l e r D. Erholungsplanung im Naturschutzgebiet, Allgemeine Forstzeitschrift, München Heft 20/21. 1969.

— Mitteilungen der Baden-Württembergischen Forstlichen Versuchs- und Forschungsanstalt, Heft 23/1970.

L ö h r O. Die Erschließung der Landschaft für den Erholungssuchenden. Natur und Landschaft, Heft 7/1964.

R u p p e r t K. Der Stadtwald, BLV-Verlagsgesellschaft, München, Bonn, Wien 1960.

U e c k e r m a n n E. Die Bedeutung des Schaugatters für den Forst- und Jagdbetrieb, IUFRO München 1967.

Z u n d e l R. Die Anlage von Wasserflächen im Walde. Allgemeine Forstzeitschrift München, Heft 30/31, 1965.

— Landschaftspflege und Erholungsmaßnahmen im Wald.

Vorschläge zur Ausgestaltung des Wienerwaldes

B i c h l m a i e r F. Die Erholungsfunktion des Waldes in der Raumordnung; dargestellt am Beispiel eines Naherholungsgebietes, Parey Verlag, Hamburg, Berlin 1969.

B i t t e r l i c h W. Allgemeine Wohlfahrtsbewegung siedlungsnaher Wälder. Centralblatt für das gesamte Forstwesen, 1967.

D o m a n y B. Grünraumplanung = biologisch geprägte Freizeitpolitik „der Aufbau“, 25. Jg. 1970, Heft 7/8, herausgegeben vom Stadtbauamt Wien.

D ü r k P. Die Bedeutung des Waldes für die Erholung der Bevölkerung. „Der Forst- und Holzwirt“, 10/1965.

F i s c h e r F. Der UETLIBERG als Erholungsgebiet, Schweizerische Zeitschrift für Forstwesen, 1965.

K i e m s t e d t H. Zur Bewertung der Landschaft für die Erholung; Beiträge zur Landespflege, Sonderheft 1, Verlag Eugen Ulmer, Stuttgart 1967.

M a n t e l K. Die sozialen und wirtschaftlichen Auswirkungen der Walderholungsfunktion und ihre Behandlung in der Forstpolitik. Forst- und Holzwirt 15/1966.

P r o d a n M. Zur Wertschätzung des Waldes — Schriftenreihe der Forstl. Abteilung der Albert-Ludwig-Universität; Freiburg i. Br. Band 4, 1964.

P r o d a n M. Zur Bewertung der Sozialfunktion des Waldes, Holz-Zentralblatt, 35 und 57/1969.

R u p p e r t K. Der Naherholungsraum einer Großstadtbevölkerung, dargestellt am Beispiel Münchens. Information des Institutes für Raumforschung, Bad Godesberg 2/1969.

S p e i d e l G. Zur Bewertung der Wohlfahrtswirkungen des Waldes. Allgemeine Forstzeitschrift 22/23, München 1967.

Z u n d e l R. Forstliche Beiträge zur Landesplanung, Allgemeine Forstzeitschrift, München 1964.